YONGDIANXINXI CAIJI XITONG
YUNWEI DIANXINGGUZHANG
FENXI YU CHULI

用电信息采集系统运维典型故障分析与处理

王志斌　关　艳　主　编

内 容 提 要

本书是本着“规范、统一、实效”的原则，从现阶段用电信息采集系统运维的实际需求出发，结合系统管理理念和各网省公司采集运维的经验，以及编者多年从事电力营销工作经验和现场采集运维专业知识的积累编写而成。

全书共分 6 章，分别是采集系统概述、采集系统的相关知识及故障处理、采集设备、智能电能表及低压采集台区、采集系统的拓展应用、采集系统运行维护管理。本书分析了大量案例，从发现问题、探索本质、解决实际的角度出发，提炼出一套实用性很强的工作方法。

本书可以作为采集运维人员现场工作的指导用书，还可以作为研究用电信息采集系统未来技术发展方向的参考用书。

图书在版编目（CIP）数据

用电信息采集系统运维典型故障分析与处理/王志斌，关艳主编．—北京：中国电力出版社，2017.7（2019.8 重印）

ISBN 978-7-5198-0986-7

Ⅰ．①用… Ⅱ．①王…②关… Ⅲ．①用电管理－管理信息系统－故障修复 Ⅳ．①TM92

中国版本图书馆 CIP 数据核字（2017）第 172600 号

出版发行：中国电力出版社
地　　址：北京市东城区北京站西街 19 号（邮政编码 100005）
网　　址：http://www.cepp.sgcc.com.cn
责任编辑：杨敏群（010-63412531）安　鸿
责任校对：郝军燕
装帧设计：左　铭
责任印制：单　玲

印　　刷：三河市万龙印装有限公司
版　　次：2017 年 7 月第一版
印　　次：2019 年 8 月北京第二次印刷
开　　本：787 毫米×1092 毫米　16 开本
印　　张：10
字　　数：221 千字
定　　价：35.00 元

编　写　组

主　　编　王志斌　关　艳

副 主 编　赵宇东　林永伟

参编人员　刘　勇　田　睿　李　博　金晓飞　朱　亮　齐红旭
马丞君　刘　凯　詹克兴　王子沣　马云生　王天博
康丽雁　刘　宇　杜　勇　张成文　李剑锋　李晓霞
张　冶　代　宇　扬　爽　高曦莹　蔡颖凯　李广翱
田保树　高云海　卢　悦　魏　剑　于　萱　苏会利
于　宁　陈　新　李　旭　陈晓菲　林　娟　张淑丽
闵　丽　池　洋　刘　欣　杨志宇　姚因龙

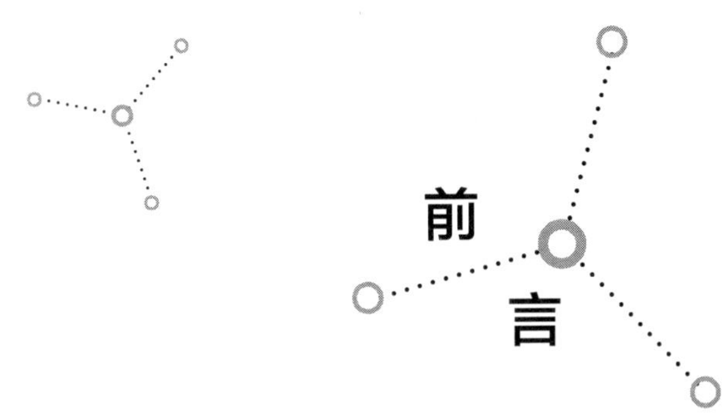

前言

电力用户用电信息采集系统承担着客户现场用电信息的自动采集、实时监测和高效共享的重要任务，是未来连接国家电网公司和电力客户信息的重要桥梁，是智能用电服务体系的重要基础和客户用电信息的重要来源，是供电企业提升优质服务的重要保障。

截至目前，国家电网公司所辖网、省公司均已建成用电信息采集系统（简称采集系统），形成了规模庞大且较完善的互联网信息体系，用电信息采集系统目前已成为营销管理的核心应用平台之一，国家电网公司将采集运维定义为核心业务，与之相关的配套管理指标纳入了企业绩效管理体系。随着采集系统的进一步深化应用，保障其高效、可靠、稳定地运行，需要有强有力的采集运维支撑，系统的运维工作将成为一个常态化的重要工作。

现阶段由于采集系统建设运行时间短，系统还需要进一步完善，同时由于供应商多，设备形式多样化，型号比较繁杂，互通性不强，给调试和维护工作带来很多困难，因此，对采集运维人员的技能要求更高，其责任也更加重大。

运行维护顾名思义由运行及维护两部分内容组成，涵盖了用电信息采集主站子系统、上行通信子系统、采集终端子系统、下行通信子系统、智能表计等内容。运行维护不仅要保证系统和现场正常运行，出现问题时也要能迅速定位、解决问题；更重要的是在故障产生前，能够通过日常采集系统的大数据分析和管理手段，提前进行故障预判，主动消除故障隐患，使系统和现场设备长期稳定地运行。

本着“规范、统一、实效”的原则，本书从现阶段用电信息采集系统运维的实际需求出发，结合系统管理理念和各网省公司采集运维的经验，以及编者多年从事电力营销工作经验和现场采集运维专业知识的积累，密切联系采集运维岗位等相关专业人员的工作实际，通过分析大量现场案例，从发现问题、探索本质、解决实际的角度，提炼出一套实用性很强的工作方法。因各省主站系统页面均不相同，本书以国网辽宁省供电公司的采集系统页面为主，介绍采集系统的相关功能。

全书共分为 6 章，第 1 章概述了采集系统，第 2 章介绍了采集系统的相关知识及故障处理，第 3 章介绍了采集设备，第 4 章介绍了智能电能表及低压采集台区，第 5 章为采集系统的拓展应用，第 6 章介绍了采集系统运行维护管理的相关知识。

本书在编写过程中，得到了相关专业人员的大力支持，相关人员做了大量的案例收集工作，在此表示衷心的感谢。

由于编者水平有限，书中难免有疏漏与不足之处，恳请广大读者批评指正。

编者

2017 年 5 月

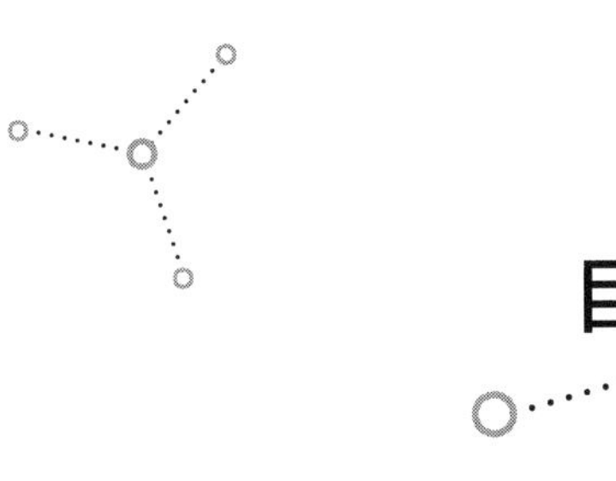

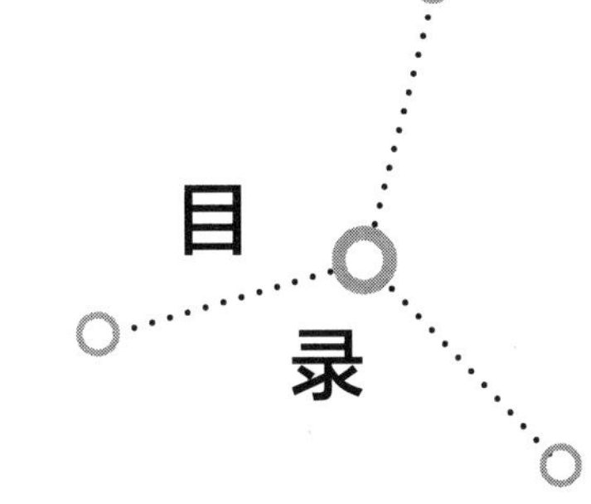

目录

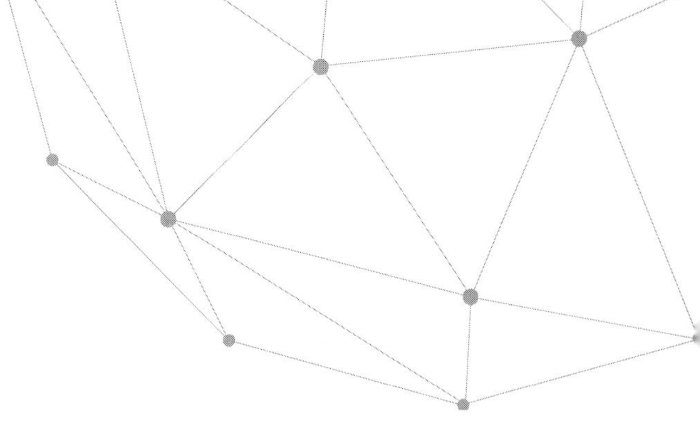

采集系统概述

1.1 采集系统建设目标

根据国家电网公司采集系统建设要求，在 2010～2016 年期间要建成采集系统，覆盖辽宁全省经营区域内直供直管电力用户和公用配电变电站考核计量点，实现电力用户用电信息实时采集、全面支持预付费控制，实现“全覆盖、全采集、全费控”[1]的建设目标。采集系统建设满足“三集五大”和统一坚强智能电网的特征要求，满足“营销业务应用系统”信息化深化应用的需求，支撑阶梯电价执行及互动式服务的开展，使得用电信息采集建设成果在电网规划、安全生产、经营管理、优质服务工作中得到全面应用。

1.2 采集系统的结构

目前各省采集系统架构图如图 1-1 所示。

1. 采集系统

采集系统是对电力用户的用电信息进行采集、处理和实时监控的系统，实现用电信息的自动采集、计量异常监测、电能质量监测、用电分析和管理、相关信息发布、智能用电设备的信息交互等功能。采集系统主站采用符合国家电网公司营销业务应用系统标准化设计的电能信息采集模块（即采集系统），整合各个地市大用户负荷管理系统和低压电力集中抄表系统（简称低压集抄系统）。采集系统主站采用与营销业务应用系统一致的集中式部署模式。

2. 采集设备

采集设备是指对用户用电信息进行采集的设备，可以实现电能表数据的采集，并根据终端类型的不同实现不同的监测、控制功能（例如电能计量设备工况和供电电能质量监测，以及客户用电负荷和电能量的监控），同时对采集数据进行管理和双向传输。其中常见设备包括专用变压器（简称专变）采集终端、集中器以及 GPRS 表等。

3. 电能表

电能表由测量单元、数据处理单元、通信单元等组成，具有电能量计量、数据处理、

[1] “全覆盖”是指智能电能表安装覆盖率达到 100%。“全采集”是指已安装的智能电能表采集率达到 100%。“全费控”是指已安装的远程智能电能表可实现费控的比率达到 100%。

实时监测、自动控制、信息交互等功能。目前智能电能表按用户类型可分为单相电能表和三相电能表。

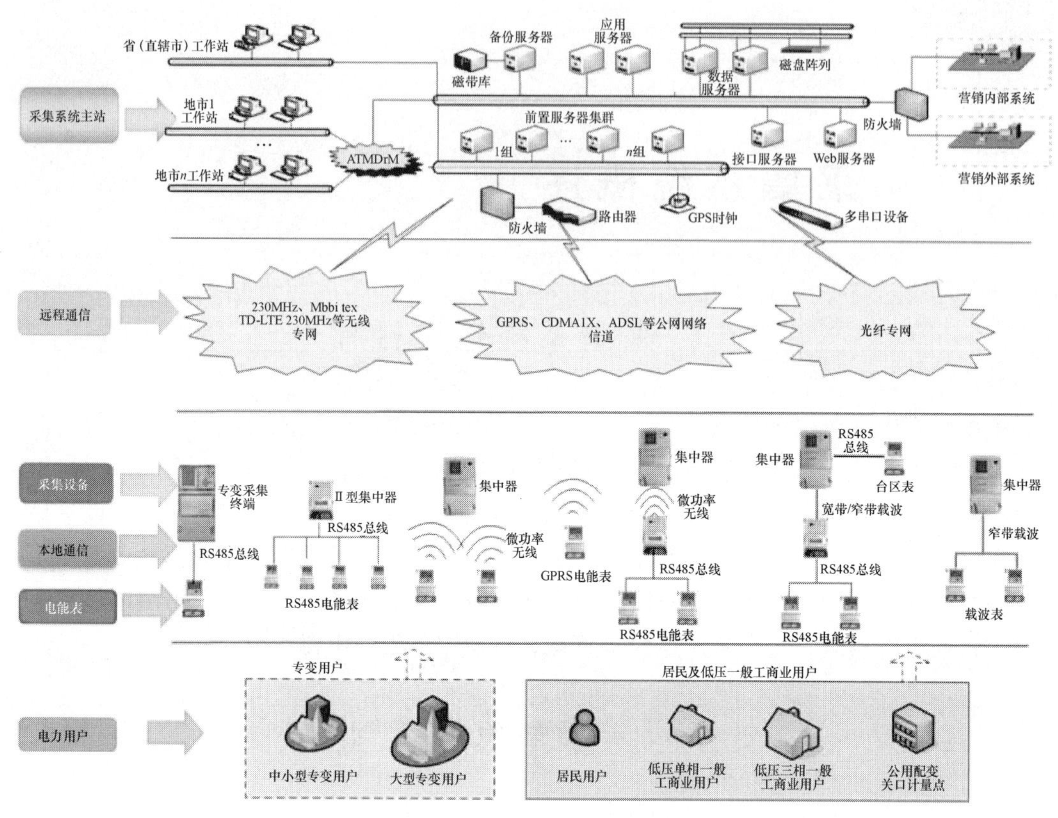

图 1-1　采集系统架构图

4. 通信信道

采集系统中的通信信道可分为远程通信信道和本地通信信道。

（1）远程通信信道也称为上行通信信道。它是用于完成主站系统和现场终端之间的数据传输通信。目前主要有 GPRS/CDMA、4G 等无线公网，230MHz 无线专网，中压电力线载波转 GPRS 等通信方式也属于远程通信信道。

（2）本地通信信道也称为下行通信信道。用于现场采集终端到表计的通信连接，高压用户一般采用 RS485 通信方式连接专变采集终端和计量表计；公用变压器（简称公变）考核用户一般采用 RS485 通信方式连接集中器；公网台区下的低压用户可采用低压电力线窄带载波、微功率无线通信、载波通信采集器连接表计 RS485 通信方式和微功率无线通信采集器连接表计 RS485 通信方式等。

1.3　采集系统存在的问题

采集系统在实际应用过程中显现了诸多问题，具体如下：

（1）缺乏专业化的维护队伍。采集系统由于其资源技术的特有性和保密性，在现阶段调试和售后维护基本依靠各供应商来完成，运维工作内外部的定位和分工不是很明确，虽有供应商承担一部分工作，但因为成本和责任的问题易出现内外部维护人员积极性不高、相互推脱、相互依靠的问题。从而导致服务质量不高，内部人员技术掌握不深入、不全面；从人员结构上来说，无相应的岗位设置，且相应岗位缺乏专业人员，缺乏一支具备系统知识和专业知识的运维队伍。

（2）运维工作缺乏系统性。采集系统属于集成系统，整个系统涉及的供应商多而散，在进行运维服务时，各供应商各自为政，缺乏系统全面的运维思路。如：服务器是生产商负责维护，外网是通信运营商负责维护，智能电能表是电能表供应商负责维护，终端设备是终端供应商负责维护，本地通信介质是相应的载波微功率芯片供应商负责维护。哪里出现问题就找相应的负责厂家，不能从整个系统的角度出发审视和解决问题。

（3）系统运维缺乏持续性和连贯性。随着国家电网公司统一招标模式的开展，竞争淘汰机制加剧，部分供应商难以适应此种竞争形势，被淘汰出局。更多供应商则面临地域分散、售后服务成本增大等诸多问题，而且很多地区与供应商签订的合同承诺售后服务期限已到，各供应商为降低成本而出现售后服务出现断档和衔接不上的情况。

（4）系统运维缺乏前瞻性。当前在采集系统运维中的思路是发生问题及时解决、处理，以提高抄表率等指标为工作目标。但对于采集系统运维工作来说，不仅需要的是能迅速地定位、解决问题，更重要的是在故障发生前能够发现隐患并消除隐患，使系统长期稳定地运行。这就要求运维人员，在工作过程中有一定的前瞻性，防患于未然。如果运维人员能在故障发生之前，在例行巡检中，及时检测到故障的先兆，将故障解决在萌芽期，不但可以避免故障发生后，由于抢修的慌乱、业务中断所造成的经济损失，而且还可以避免故障严重化，避免扩大故障范围，从而延长系统的使用寿命。

第2章

采集系统的相关知识及故障处理

2.1 采集系统的相关知识

2.1.1 常见术语和定义

采集系统常见的术语和定义如下：

（1）电力用户用电信息采集系统。电力用户用电信息采集系统是对电力用户的用电信息进行采集、处理和实时监控的系统，实现用电信息的自动采集、计量异常监测、电能质量监测、用电分析和管理、相关信息发布、分布式能源监控、智能用电设备的信息交互等功能。省用户采集系统主界面如图 2-1 所示。

图 2-1　省用户采集系统主界面

（2）用电信息采集终端（简称采集终端）。用电信息采集终端是对各信息采集点用电信息采集的设备，是可以实现电能表数据的采集、数据管理、数据双向传输以及转发或执行控制命令的设备。用电信息采集终端按应用场所分为专变采集终端、集中抄表终端（包括集中器、采集器）、分布式能源监控终端等类型。

（3）专变采集终端。专变采集终端是对专变用户用电信息进行采集的设备，可以实现电能表数据的采集、电能计量设备工况和供电电能质量监测，以及客户用电负荷和电能量的监控，并对采集数据进行管理和双向传输。

（4）集中抄表终端。集中抄表终端是对低压用户用电信息进行采集的设备，包括集中器、采集器。集中器是指收集各采集器或电能表的数据，并进行处理储存，同时能和主站或手持设备进行数据交换的设备。采集器是用于采集多个或单个电能表的电能信息，并可与集中器交换数据的设备。采集器依据功能可分为基本型采集器和简易型采集器。基本型采集器抄收和暂存电能表数据，并根据集中器的命令将储存的数据上传给集中器。简易型

采集器直接转发集中器与电能表间的命令和数据。

（5）分布式能源监控终端。分布式能源监控终端是对接入公用电网的用户侧分布式能源系统进行监测与控制的设备，可以实现对双向电能计量设备的信息采集、电能质量监测，并可接受主站命令对分布式能源系统接入公用电网进行控制。

（6）密钥。密钥是秘密钥匙的简称，它是一种参数，是在明文转换为密文或将密文转换为明文的算法中输入的参数。在采集系统中对电能表等重要组件的重要数据项的修改时都需要加入密钥已保证指令的安全可靠。

（7）载波（宽带载波、窄带载波）。电力线载波通信是利用低压电力配电线（380/220V 用户线）作为信息传输媒介进行数据传输的一种特殊通信方式。该技术是把载有信息的高频信号加载于电力线进行传输，接受信息的调制解调器再把高频信号从中分离出来，并传送到用户终端。该技术在不需要重新布线的基础上，在现有电线上实现数据的承载。宽带载波的基本频带为 1～20MHz，扩展频带为 3～100MHz；而采用窄带载波通信，载波信号频率范围为 3～500kHz。

（8）APN。APN 指一种网络接入技术，是通过移动网络上网时必须配置的一个参数，它决定了手机通过哪种接入方式来访问网络。对于移动网络上网用户来说，可以访问的外部网络类型有很多，例如，Internet、WAP 网站、集团企业内部网络、行业内部专用网络。而不同的接入点所能访问的范围以及接入的方式是不同的，网络侧对移动网络上网用户激活以后要访问哪个网络从而分配哪个网段的 IP，这就要靠 APN 来进行区分，即 APN 决定了用户通过哪种接入方式来访问什么样的网络。

2.1.2　采集系统的功能

采集系统的主要功能包括数据采集、数据管理、控制、综合应用、运行维护管理、系统接口等。以各省目前在应用的采集应用系统为例，详细功能见表 2-1。

表 2-1　　**采集系统详细功能列表**

序号	项　　目	
1	基本应用	档案管理
		终端管理
		数据采集管理
		接口管理
		资产管理
		四表合一
2	高级应用	计量在线监测
		费控管理
		有序用电
		线损分析

续表

序号	项目	
2	高级应用	配变[①]监测分析
		重点用户检测
		数据修复
		问题交流平台
		用电分析
		防窃电管理
		抄表稽查计划
		现场作业终端管理
3	运行管理	采集信道管理
		时钟管理
		SIM 卡管理
		采集运维平台
4	统计查询	综合查询
		采集建设情况
		数据分析
		工单查询
		报表管理
		SQL 定制查询
5	系统管理	权限和密码管理
		模板管理
		信息定制
		日志管理
		系统使用情况统计
		个人设置
		报表管理

① 配变指的是配电变压器。

2.1.3 综合应用

1. 数据采集及有序用电

（1）自动抄表管理。根据采集任务的要求，自动采集系统内电力用户电能表的数据，获得电费结算所需的用电计量数据和其他信息。采集系统数据查询界面如图 2-2、图 2-3 所示。

（2）费控。费控管理是需要由主站、终端、电能表多个环节协调执行，实现费控控制方式，也有主站实施费控、终端实施费控、电能表实施费控三种形式。采集系统费控管理界面如图 2-4 所示。

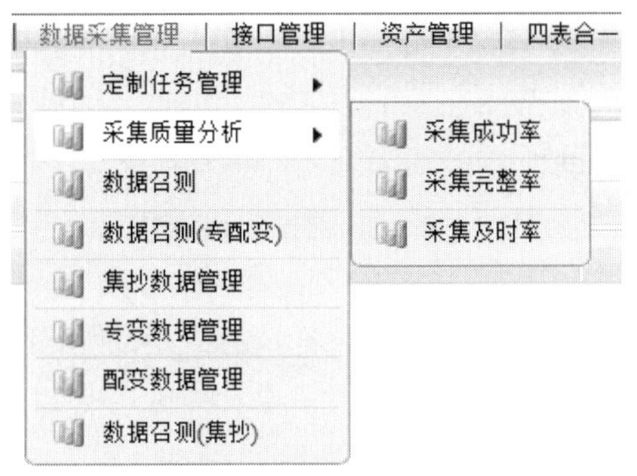

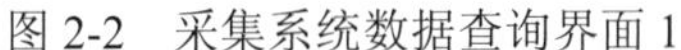

图 2-2　采集系统数据查询界面 1

图 2-3　采集系统数据查询界面 2

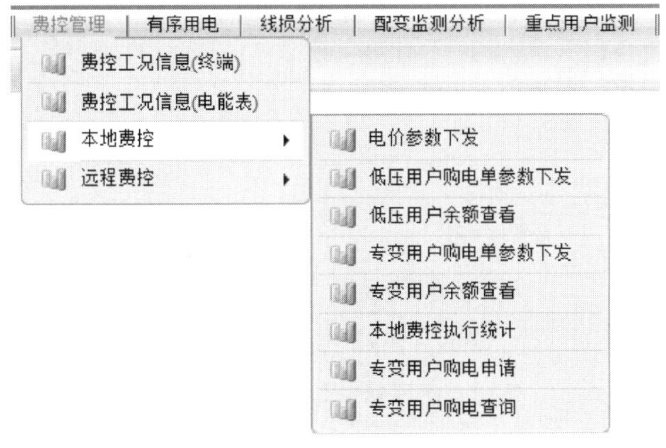

图 2-4　采集系统费控管理界面

（3）有序用电管理。根据有序用电方案管理或安全生产管理要求，编制限电控制方案，对电力用户的用电负荷进行有序控制，并可对重要用户采取保电措施。采集系统有序用电界面如图 2-5 所示。

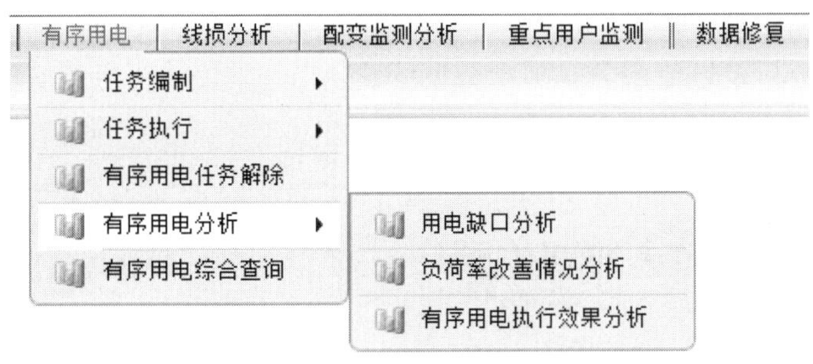

图 2-5　采集系统有序用电界面

2. 用电情况统计分析

（1）综合用电分析。采集系统具有综合用电分析功能，包括负荷分析、负荷率分析、电能量分析、三相平衡度分析、负荷预测支持等功能。采集系统综合用电分析界面如图 2-6 所示。

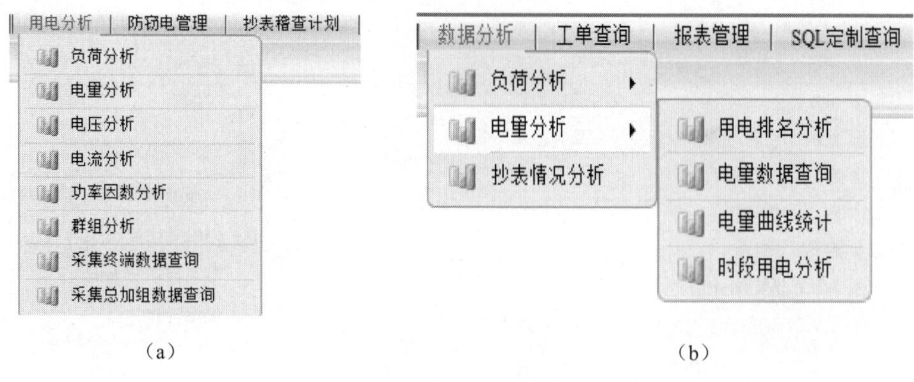

图 2-6　采集系统综合用电分析界面

（a）用电分析界面；（b）数据分析界面

（2）异常用电分析。采集系统具有异常用电分析功能，包括计量及用电异常检测、重点用户监测、事件处理和查询等分析功能。采集系统异常用电分析功能界面如图 2-7 所示。

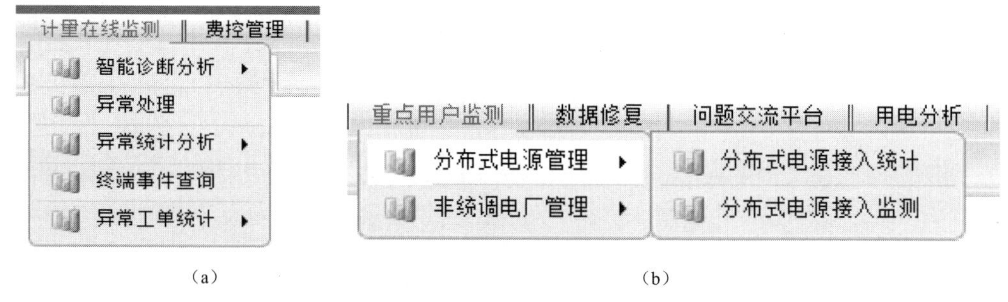

图 2-7　采集系统异常用电分析功能界面

（a）计量在线监测界面；（b）重点用户监测界面

3. 电能质量数据统计

采集系统具有电能质量统计功能，包括电压越限统计、功率因素越限统计、谐波数据统计、线损/变损分析及增值服务等多项数据统计功能。采集系统电能质量数据统计功能界面如图 2-8 所示。

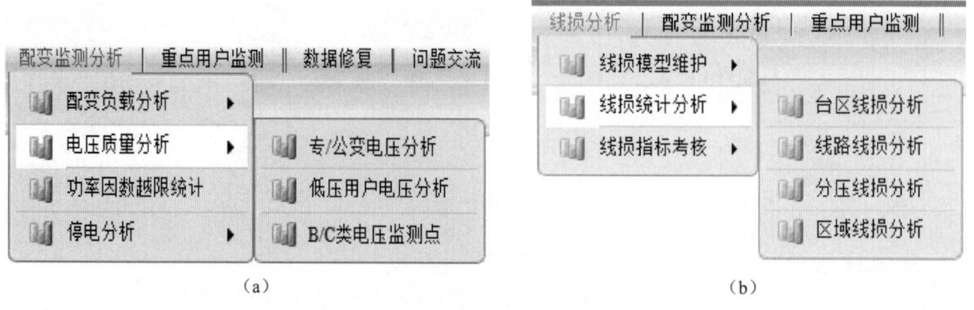

图 2-8　采集系统电能质量数据统计功能界面

（a）配变监测分析功能；（b）线损分析功能

4. 运行维护管理

采集系统具有运行维护管理功能，具体包括系统对时、权限和密码管理、采集终端管理、档案管理、运行状况管理、报表管理、系统接口等。采集系统运行维护管理功能界面如图 2-9 所示。

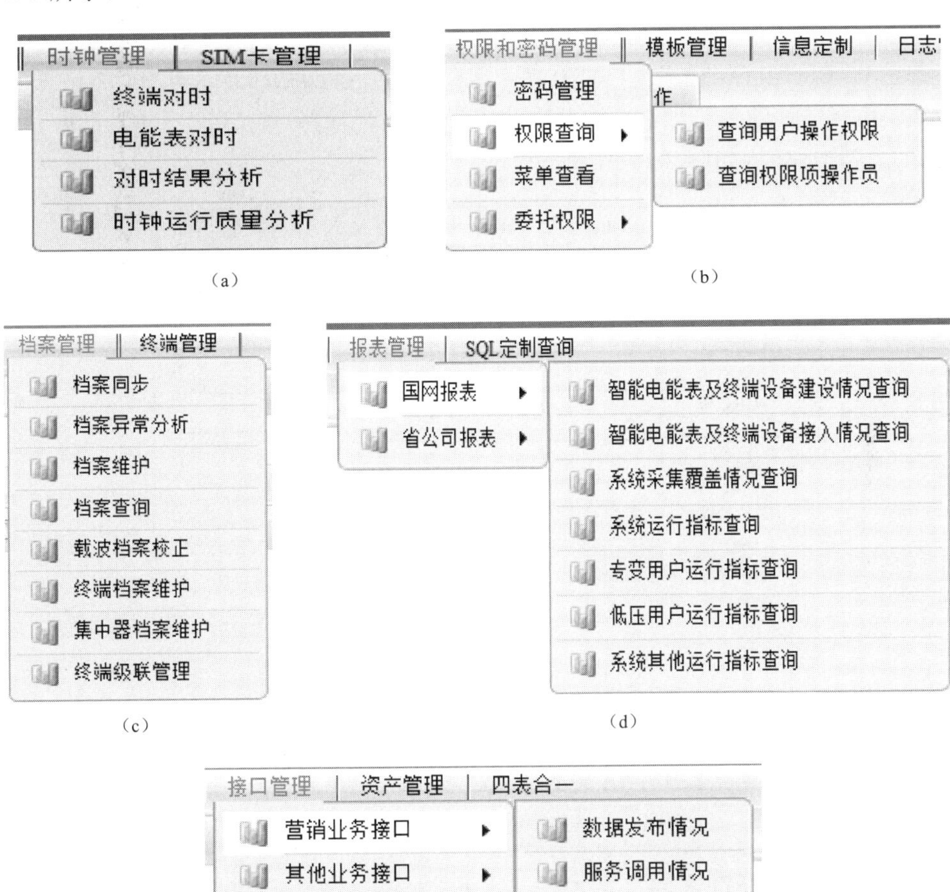

图 2-9 采集系统运行维护管理功能界面

（a）时钟管理；（b）权限和密码管理；（c）采集终端管理机档案管理图；（d）报表管理；（e）接口管理

2.1.4 运维平台

采集系统主站设立了采集运维平台这一功能模块，目前主要设置采集故障处理、运维组织管理、质量评价、辅助运维和设备故障管理五项功能，虽然有了这方面的架构，但是还没有具体的应用。采集系统采集运维平台界面如图 2-10 所示。

图 2-10 采集系统采集运维平台界面

2.2 主站工作模式

采集系统包括前置服务层、应用服务层、中心数据库。

主站系统要涵盖国家电网公司系统主站软件设计规范所涉及的采集点设置、数据采集管理、负荷管理、预付费管理、运行管理、现场管理、辅助功能、公共查询、配电管理、线损分析、电量统计业务管理、决策分析业务管理、增值服务等13个模块功能。电力信息采集主站系统物理架构如图2-11所示。

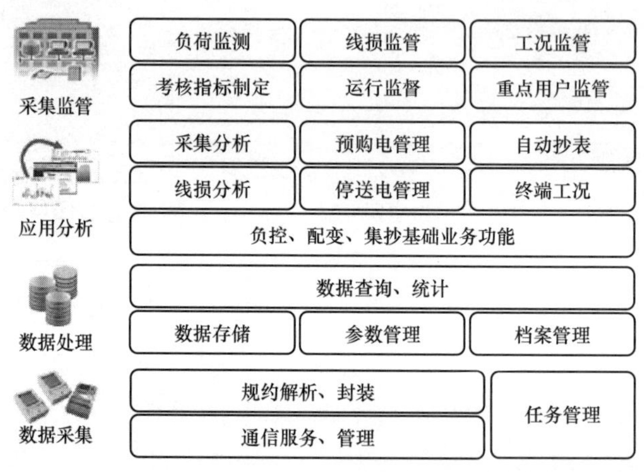

图2-11　电力信息采集主站系统物理架构图

2.3 常见故障处理及案例分析

2.3.1 常见故障及处理方法

【故障2-1】网络问题故障

1. 故障描述

（1）通信网络连接不稳定，导致主站各服务之间互相无法连接，前置系统崩溃，采集终端全部掉线，影响数据采集。

（2）前置机网线连接故障导致前置机连接失败。

（3）中继站天线损坏。

2. 处理办法

（1）对采集主站进行定时巡视，及时发现异常，处理异常。

（2）若发现异常无法处理，及时联系国网信息通信有限公司（简称国网信通公司）对故障点及时排查、处理。

（3）关注国网信通公司网络检修作业计划，明确信通的网络检修作业是否对采集主站的稳定运行有影响，做好应急预案。

【故障 2-2】系统主站域名服务器故障

1. 故障描述

系统主站域名服务器死机，致使采集系统各服务器之间无法连接，通信异常。

2. 处理办法

（1）对系统主站域名服务器定点巡视，确保服务器的正常运行。

（2）当出现故障时，立即联系服务器硬件运维厂商进行排查，寻找出故障原因，恢复服务器的正常运行。

【故障 2-3】噪声干扰

1. 故障描述

230MHz 子站电台受到外来干扰，子站通信非常不稳定，造成 230MHz 终端漏抄数据补召、实时数据召测、终端参数下发等命令时成功率非常低。

2. 处理办法

与无线电管理委员会联系，帮助寻找噪声源，并对噪声源进行清理。

【故障 2-4】电源故障

1. 故障描述

230MHz 子站电源故障，导致该 230MHz 子站前置机、电台等设备由于没有供电电源而停止工作，处于瘫痪状态。

2. 处理办法

（1）定期对电源设备进行巡检，确保设备的正常运行。

（2）准备备用电源。当运行电源设备出现故障时，及时切换至备用电源保证设备正常运行。

2.3.2　案例分析

【案例 2-1】系统主站前置机系统故障

1. 故障描述

2016 年 8 月 8 日 22 点 30 分至 8 月 10 日 4 点 30 分，某公司采集系统由于网络连接不稳定，导致各服务之间互相无法连接，前置系统崩溃，采集终端全部掉线，影响全省数据采集。

2. 故障现象

2016 年 8 月 9 日早 8 点，采集运维人员在对采集系统进行日常检查时发现，采集任务均执行失败，采集数据均未成功入库。

3. 原因分析

采集运维人员在对 2016 年 8 月 9 日采集系统任务均执行失败，采集数据均未成功入库进行简单分析，发现是工作节点 storm 无法与程序协调服务 zookeeper 建立连接导致。采集运维人员联系采集系统开发人员进行协助分析、解决问题。经过分析 kafka 日志、zookeeper 日志发现可能是网络原因造成的各服务之间连接断开。测试网络连接，在服务器 10.160.86.130（storm）上 ping 服务器 10.160.86.142（zookeeper），发现网络并不稳定，虽未出现断开的情况，但是有时延迟很高，服务器数据如图 2-12 所示。

```
.160.86.142: icmp_seq=16 ttl=64 time=0.414 ms
.160.86.142: icmp_seq=17 ttl=64 time=135 ms
.160.86.142: icmp_seq=18 ttl=64 time=0.187 ms
.160.86.142: icmp_seq=19 ttl=64 time=61.1 ms
.160.86.142: icmp_seq=20 ttl=64 time=279 ms
.160.86.142: icmp_seq=21 ttl=64 time=383 ms
.160.86.142: icmp_seq=22 ttl=64 time=446 ms
.160.86.142: icmp_seq=23 ttl=64 time=272 ms
.160.86.142: icmp_seq=24 ttl=64 time=71.0 ms
.160.86.142: icmp_seq=25 ttl=64 time=505 ms
.160.86.142: icmp_seq=26 ttl=64 time=553 ms
.160.86.142: icmp_seq=27 ttl=64 time=576 ms
.160.86.142: icmp_seq=29 ttl=64 time=552 ms
.160.86.142: icmp_seq=30 ttl=64 time=304 ms
.160.86.142: icmp_seq=31 ttl=64 time=0.229 ms
.160.86.142: icmp_seq=32 ttl=64 time=0.213 ms
.160.86.142: icmp_seq=33 ttl=64 time=0.219 ms
.160.86.142: icmp_seq=34 ttl=64 time=0.238 ms
```

图 2-12　服务器截图

因未发现有断开，所以重启所有采集服务，但是只运行了 30min 左右，再次出现各服务之间连接断开的情况。与开发人员沟通，初步判断应该是网络问题导致的。将各服务运行日志（kafka 日志、storm 工作节点日志、task-server 管理节点日志、zookeeper 日志）打包发给了相关平台组工程师进行分析，工程师分析后确认是网络连接不稳定导致的各服务之间无法连接。

4. 故障处理方法及步骤

（1）按照工程师的指示，对网络进行 ping 口令的测试，结果如图 2-13 所示。

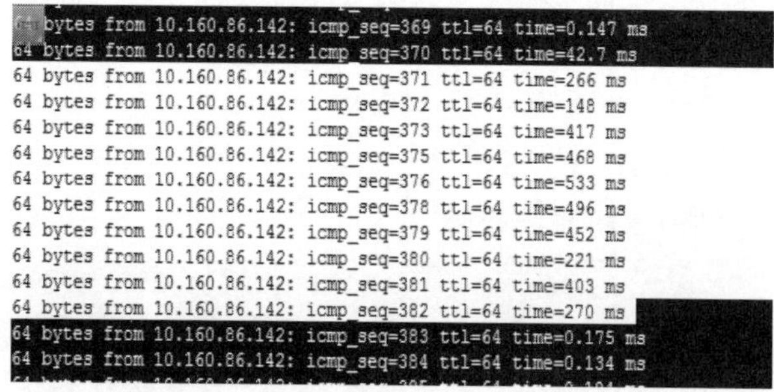

```
64 bytes from 10.160.86.142: icmp_seq=369 ttl=64 time=0.147 ms
64 bytes from 10.160.86.142: icmp_seq=370 ttl=64 time=42.7 ms
64 bytes from 10.160.86.142: icmp_seq=371 ttl=64 time=266 ms
64 bytes from 10.160.86.142: icmp_seq=372 ttl=64 time=148 ms
64 bytes from 10.160.86.142: icmp_seq=373 ttl=64 time=417 ms
64 bytes from 10.160.86.142: icmp_seq=375 ttl=64 time=468 ms
64 bytes from 10.160.86.142: icmp_seq=376 ttl=64 time=533 ms
64 bytes from 10.160.86.142: icmp_seq=378 ttl=64 time=496 ms
64 bytes from 10.160.86.142: icmp_seq=379 ttl=64 time=452 ms
64 bytes from 10.160.86.142: icmp_seq=380 ttl=64 time=221 ms
64 bytes from 10.160.86.142: icmp_seq=381 ttl=64 time=403 ms
64 bytes from 10.160.86.142: icmp_seq=382 ttl=64 time=270 ms
64 bytes from 10.160.86.142: icmp_seq=383 ttl=64 time=0.175 ms
64 bytes from 10.160.86.142: icmp_seq=384 ttl=64 time=0.134 ms
```

图 2-13　测试结果

（2）测试了 5min 左右，统计情况如图 2-14 所示，从图中可以看出，有 6%的数据包传输异常通知情况发生。

```
--- 10.160.86.142 ping statistics ---
337 packets transmitted, 315 received, 6% packet loss, time 336545ms
rtt min/avg/max/mdev = 0.121/266.790/605.905/245.927 ms
```

图 2-14　统计情况 1

（3）8 月 10 日凌晨 4 点 30 分，信通检修结束，5 点左右，运维人员对各服务器之间的网络进行了测试，结果网络连接稳定，未出现丢包情况，统计情况如图 2-15 所示。

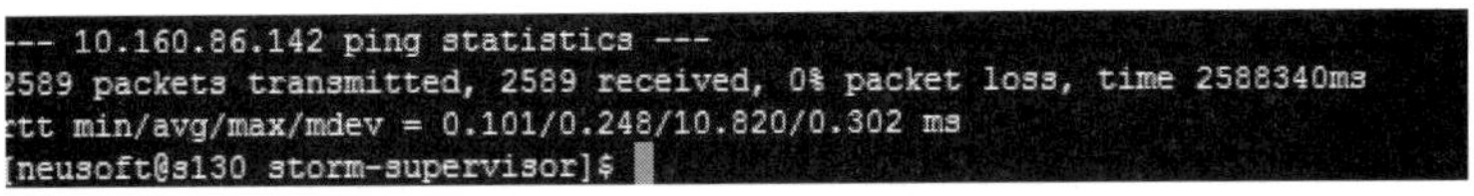

```
--- 10.160.86.142 ping statistics ---
2589 packets transmitted, 2589 received, 0% packet loss, time 2588340ms
rtt min/avg/max/mdev = 0.101/0.248/10.820/0.302 ms
[neusoft@s130 storm-supervisor]$
```

图 2-15　统计情况 2

（4）运维人员将所有服务重新启动，监控系统运行日志，各服务器之间连接正常，系统恢复稳定运行。

8 月 9 日采集低压采集成功率 98.88%，专变采集成功率 99.24%，公变采集成功率 98.99%，后续还有 3 轮的补采及统计，基本可以达到平时的正常水平；8 月 8 日低压采集成功率 98.39%，专变采集成功率 94.66%，公变采集成功率 98.46%，较平常要低一些，告知各地市在系统中对漏抄的进行手动补召，安排专人进行统一统计，直至接近正常水平。

5. 经验总结

（1）此次故障由采集前置服务器之间网络连接不稳定导致。

（2）网络状态不确定因素较多。国网信通公司有检修工作时也容易造成网络连接不稳定，导致采集系统出现异常。

（3）在故障发生时，运维人员既需要考虑如何排查解决问题，而且要及时向相关领导汇报。由专人负责汇报省计量中心工作人员系统预计的恢复时间，回应各地市提出的异议，避免给相关领导和各地市工作人员的工作带来不必要的影响。

（4）应该安排专人对采集主站进行定时巡视，及时发现异常，处理异常。

（5）关注国网信通公司网络检修作业计划，明确信通的网络检修作业是否对采集主站的稳定运行有影响，做好应急预案，确保信通网络检修期间采集系统的稳定运行。

【案例 2-2】系统主站域名服务器死机故障

1. 故障描述

系统主站域名服务器死机，致使采集系统各服务器之间无法连接，通信异常，采集系统对终端的所有操作口令，报文都无法下发。

2. 故障现象

2016 年 4 月 15 日 13 点 30 分左右，客户打电话反映，采集系统向采集终端发送报文全部超时。

3. 原因分析

从现象上看，是由采集系统向消息服务器发送报文失败，所有对采集终端进行的操作报文都无法下发至消息服务器，由此可以判断，是采集系统与消息服务器之间的链路出现异常。根据此判断，采集运维人员登录消息服务器，通过 ping 口令验证 IP 地址的方式，连接正常；通过 ping 口令验证域名的方式，连接异常，由此判断为采集系统域名服务器出现故障，在登录域名服务器时发现， IP 地址为 10.160.86.124 的域名服务器无法连接；运维人员立即电话联系硬件运维厂商项目经理，被告知这台服务器死机了。至此事故原因已经确定，即域名服务器死机致使采集系统各服务之间无法连接，通信异常，采集系统对终端的所有操作，报文都无法下发。

4. 故障处理方法及步骤

在经过与硬件运维厂商项目经理沟通后，他们重新启动了域名服务器，采集系统运维人员重新启动了域名服务和业务前置系统的服务器后，于2016年4月15日15点20分左右恢复正常。

5. 经验总结

（1）此次故障是由系统主站域名服务器死机导致。

（2）应该对系统主站域名服务器定期巡视，确保故障的及时发现和处理。

（3）当排查故障时，应该及时联系硬件运维厂商进行处理，确保系统的正常运行。

【案例2-3】230MHz子站前置机网络故障

1. 故障描述

2016年8月9日，某供电公司230MHz子站前置机网络通信故障，导致该供电公司230MHz子站发出的所有命令应答报文均超时，所有230MHz终端用户无日冻结数据和实时数据。

2. 故障现象

采集运维人员进行日冻结数据漏抄情况查询中，发现某供电公司所有230MHz终端用户无日冻结数据，召测230MHz终端实时数据，应答报文超时。检查供电公司子站机房前置机运行状态，发现前置机连接失败。故障点现场插图及说明如下：

（1）所有230MHz终端用户无日冻结数据，如图2-16所示。

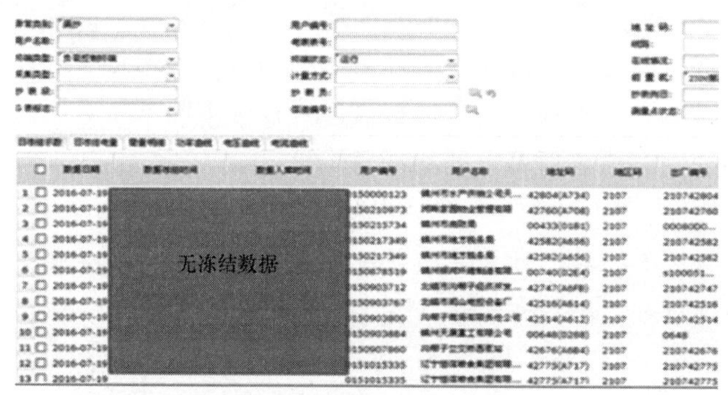

图2-16　230MHz日冻结数据图

（2）230MHz主站前置机连接失败，如图2-17所示。

（3）230MHz主站前置机与TP-LINK未有效连接，如图2-18所示。

（3）TP-LINK端口3状态指示灯灭，如图2-19所示。

3. 原因分析

供电公司子站前置机通过一个TP-LINK与信息通信分公司网络连接，通过信息通信分公司网络将230MHz终端用户的数据信息上传省公司主站。因为采集运维人员是在查询230MHz终端用户日冻结数据漏抄情况时，发现供电公司所有230MHz终端用户无日冻结数据，继续查询230MHz终端实时数据，应答报文均超时，所以可以断定，故障发生在省公司主站或供电公司子站。在排查供电公司子站故障时，发现子站前置机提示连接失败，说明子站前置机网络连接有问题。检查前置机网线状态指示灯时，发现指示灯不亮（正常为绿色），所以基本可以断定锦州子站前置机网线连接有问题。

```
channelservice_xp.bat
ollingIoProcessor.java:695)
        at org.apache.mina.core.polling.AbstractPollingIoProcessor.process(Abst
ctPollingIoProcessor.java:668)
        at org.apache.mina.core.polling.AbstractPollingIoProcessor.process(Abst
ctPollingIoProcessor.java:657)
        at org.apache.mina.core.polling.AbstractPollingIoProcessor.access$600(A
tractPollingIoProcessor.java:68)
        at org.apache.mina.core.polling.AbstractPollingIoProcessor$Processor.ru
(AbstractPollingIoProcessor.java:1141)
        at org.apache.mina.util.NamePreservingRunnable.run(NamePreservingRunnab
e.java:64)
        at java.util.concurrent.ThreadPoolExecutor$Worker.runTask(ThreadPoolExe
utor.java:886)
        at java.util.concurrent.ThreadPoolExecutor$Worker.run(ThreadPoolExecuto
.java:908)
        at java.lang.Thread.run(Thread.java:619)
2016-08-08 16:03:39,296 - com.shxt.channelservice.dcc.DccClientSessionHandler -
64453 [NioProcessor-2] WARN  - DccClient sessionClosed
2016-08-08 16:04:01,031 - com.shxt.channelservice.dcc.DccClient -386188 [main] I
NFO  - DccClient连接失败
2016-08-08 16:04:26,031 - com.shxt.channelservice.dcc.DccClient -411188 [main] I
NFO  - DccClient连接失败
2016-08-08 16:04:51,031 - com.shxt.channelservice.dcc.DccClient -436188 [main] I
NFO  - DccClient连接失败
```

图 2-17　服务器截图

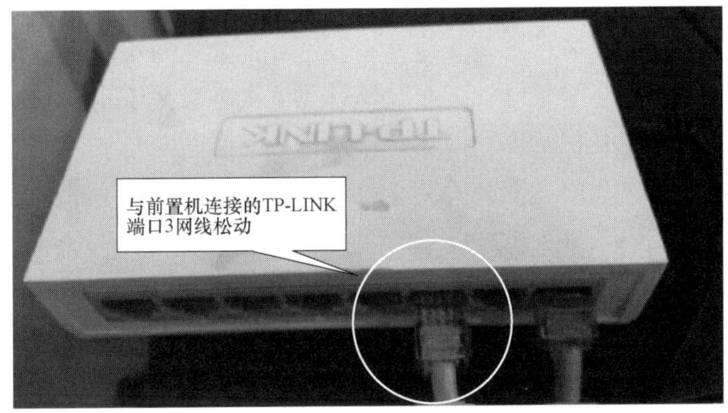

图 2-18　网络路由器图

图 2-19　路由器端口指示灯图

4．故障处理方法及步骤

（1）依次拔下前置机与 TP-LINK 之间的网线。

（2）再重新插好，确保可靠连接，如图 2-20 所示。

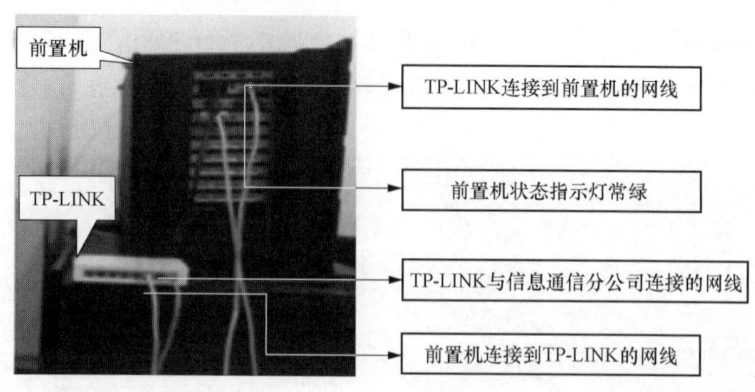

图 2-20　网络连接图

（3）检查前置机网线状态指示灯，指示灯绿色常亮。

（4）检查 TP-LINK 端口 3 状态指示灯，指示灯为绿色常亮，说明前置机网络连接成功。

（5）重新运行“Channel Service_某 p_bat”，前置机页面提示连接成功，则前置机网络连接故障排除，恢复正常工作。

5. 经验总结

当 230MHz 终端用户发生日冻结数据全部漏抄且无实时数据时，应首先排除采集主站故障。在排除采集主站故障时，应该首先检查各分公司前置机运行状态，如果前置机连接失败，则可排除 230MHz 电台故障、天线故障、供电电源故障和前置机故障。可以判断为前置机网络回路故障。在处理前置机网络回路故障时，首先应检查网线连接问题。在排除网络回路故障时，首先应排除各分公司的 230MHz 主站网络连接问题。各分公司 230MHz 子站网络路径为：信息通信分公司网络——TP-LINK——分公司 230MHz 子站前置机。排查故障时，应按照由低到高的顺序进行排查，应先排查分公司 230MHz 子站前置机与 TP-LINK 之间的故障。检查前置机与 TP-LINK 连接是否正常，网线是否有问题。如有问题进行处理，如没有问题再与信息通信分公司相关负责人联系，帮助排查。如果各分公司的 230MHz 主站网络连接没有问题，则需致电省公司主站相关负责人帮助解决。

【案例 2-4】230MHz 子站电台故障

1. 故障描述

2016 年 8 月 7 日，某供电公司 230MHz 子站电台受到外来干扰，子站通信非常不稳定，在执行 230MHz 终端漏抄数据补召、实时数据召测、终端参数下发等命令时成功率非常低。

2. 故障现象

采集运维人员在执行召测 230MHz 终端实时数据、下发 230MHz 终端参数等命令时，时而成功，时而失败。检查供电公司子站机房，听见电台传来推销保健药品广告节目的广播，且噪声非常大。故障点现场插图及说明如下：

（1）230MHz 终端参数下发，超时，如图 2-21 所示。

（2）230MHz 终端实时数据超时，如图 2-22 所示。

（3）供电公司子站电台接收频率与附近非法电台的频点一致，都是 223.900MHz，如图 2-23 所示。

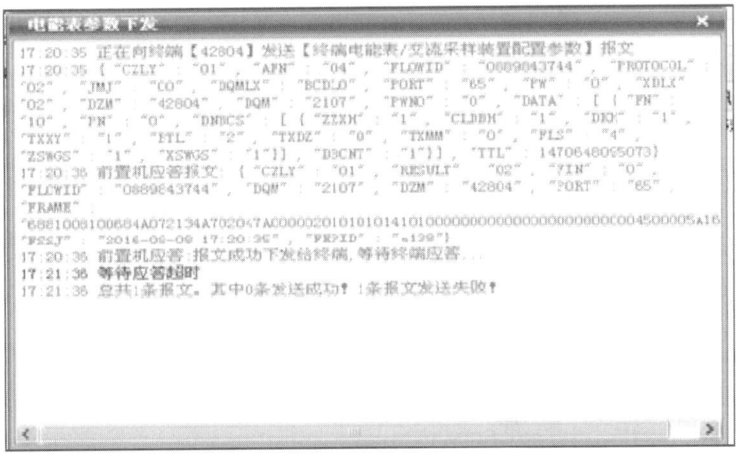

电能表参数下发

17:20:35 正在向终端【42804】发送【终端电能表/交流采样装置配置参数】报文
17:20:35 { "CZLY" : "01" , "AFN" : "04" , "FLOWID" : "0889043744" , "PROTOCOL" : "02" , "JMJ" : "CO" , "DQMLX" : "BCDLO" , "PORT" : "65" , "PW" : "0" , "XDLX" : "02" , "DZM" : "42804" , "DQM" : "2107" , "PWNO" : "0" , "DATA" : [{ "FN" : "10" , "PN" : "0" , "DNBCS" : [{ "ZZXH" : "1" , "CLDBH" : "1" , "DKH" : "1" , "TXXY" : "1" , "ETL" : "2" , "TXDZ" : "0" , "TXMM" : "0" , "FLS" : "4" , "ZSWGS" : "1" , "XSWGS" : "1"}] , "D3CNT" : "1"}] , "TTL" : 1470648095073}
17:20:36 前置机应答报文: { "CZLY" : "01" , "RESULT" : "02" , "YIN" : "0" , "FLOWID" : "0889043744" , "DQM" : "2107" , "DZM" : "42804" , "PORT" : "65" , "FRAME" : "6881008100684A072134A702047A00000201010101410100000000000000000000000C004500005A16 "FSSJ" : "2016-08-08 17:20:36" , "FKPID" : "-190"}
17:20:36 前置机应答:报文成功下发给终端,等待终端应答...
17:21:36 等待应答超时
17:21:36 总共1条报文。其中0条发送成功！1条报文发送失败！

图 2-21　报文截图

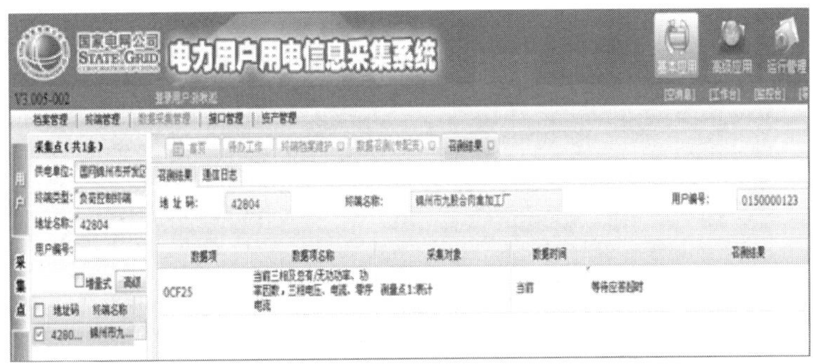

图 2-22　采集主站图

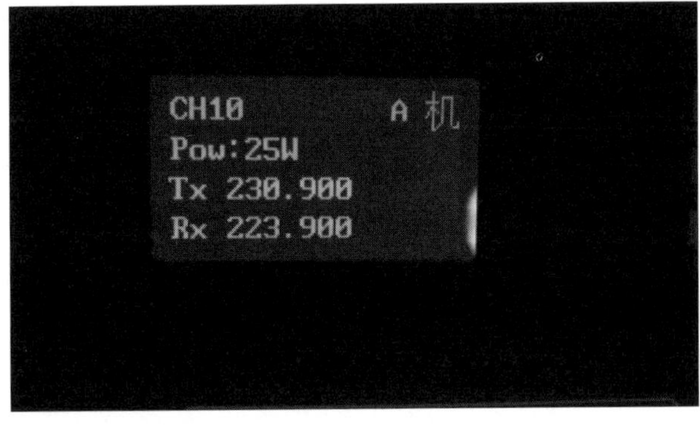

图 2-23　230MHz 电台图

3. 原因分析

供电公司子站电台频点与附近非法电台的频点一致，都是 223.900MHz。由于非法电台距离供电公司子站较近，它发送的无线电波供电公司子站电台优先接收，从而影响供电公司子站电台与距离子站较远的 230MHz 终端间的通信。

4. 故障处理方法及步骤

（1）用场强仪和定向天线，查看信号最强的区域。

（2）观察天线的敷设（非法电台一般位于 20km 内的高楼内，天线架设在窗外）。

（3）与地市级无线电管理委员会联系，帮助清理非法电台。

（4）检查子站电台运行状态，非法电台的播音消失，子站电台恢复正常工作。

5. 经验总结

当子站出现召测 230MHz 终端实时数据、下发 230MHz 终端参数等命令时，时而成功，时而失败的现象时，应首先考虑 230MHz 子站电台是否受到干扰，并从声音和显示两方面查找子站电台故障原因，排查故障。

230MHz 子站电台正常运行状态标志：

（1）声音：有正常的数据接收和发送的声音，噪声非常低。

（2）显示：运行的指示灯点亮。

（3）LED 显示屏显示：U=13.76V，I=0.29A，pow=25W，T_x=230.900MHz，R_x=223.900MHz，均在正常工作范围内。

电台正常工作显示图，如图 2-24 所示。

图 2-24　230MHz 电台正常工作显示图

（4）若 230MHz 子站电台故障，则 230MHz 子站对终端进行的各种操作返回报文均为“终端不在线”，如图 2-25 所示。

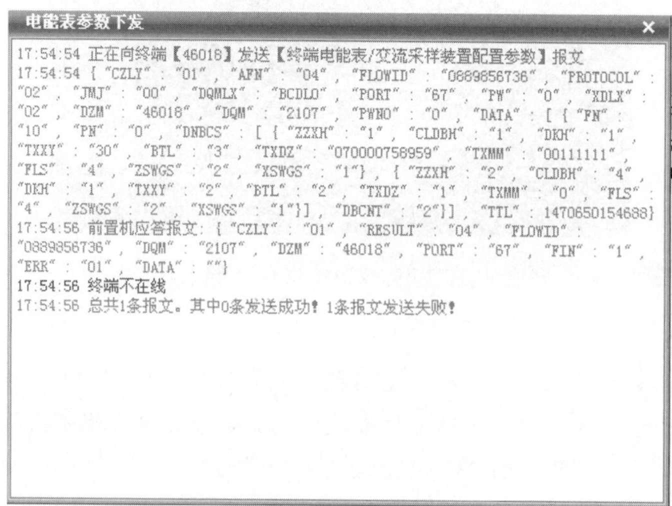

图 2-25　报文截图

【案例 2-5】230MHz 子站电源故障

1. 故障描述

3 月 5 日 9 时至 16 时，某供电公司 230MHz 子站所处的大厦停电，且该子站的 USB 备用电源老化，工作了 2h 便停止供电，结果导致该 230MHz 子站前置机、电台等设备由于没有供电电源而停止工作，处于瘫痪状态。

2. 故障现象

3 月 5 日 9 时，某供电公司 230MHz 采集子站 USB 备用电源自动投入运行 2h 后中断供电，导致 230MHz 子站失电，前置机、电台因失电而停止工作。故障点现场插图及说明如下：

（1）230MHz 采集子站备用电源因老化而停止工作，如图 2-26 所示。

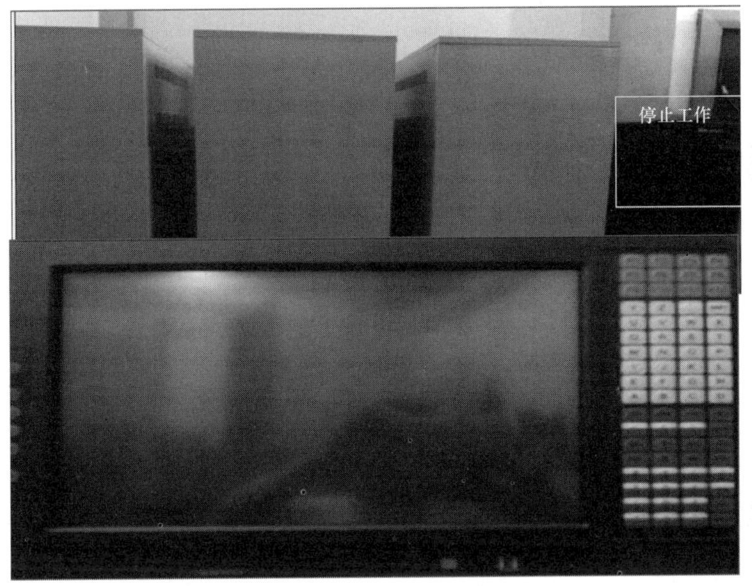

图 2-26　230MHz 子站故障点现场图

（2）230MHz 电台停止工作，如图 2-27 所示。

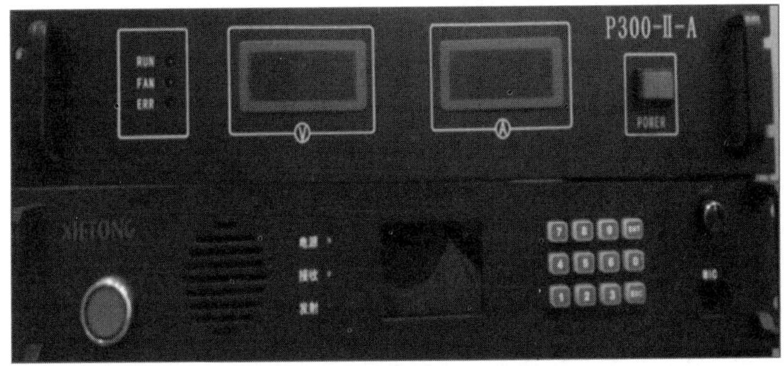

图 2-27　230MHz 电台图

3. 原因分析

230MHz 采集子站由两套电源系统供电，以保证前置机和电台等设备的正常运行。正常情况下由主电源供电，主电源停电时，备用电源自动投入保证不间断供电。待主电源恢复供电后，备用电源会自动转为备用，或由人工操作转为备用。3 月 5 日 9 时，当供电大厦主电源停电后，备用电源自动投入运行，但因备用电源老化，无法供电。

4. 故障处理方法及步骤

（1）拆除 230MHz 子站原备用电源。

（2）安装 230MHz 子站新备用电源。

备用电源面板说明如图 2-28 所示。

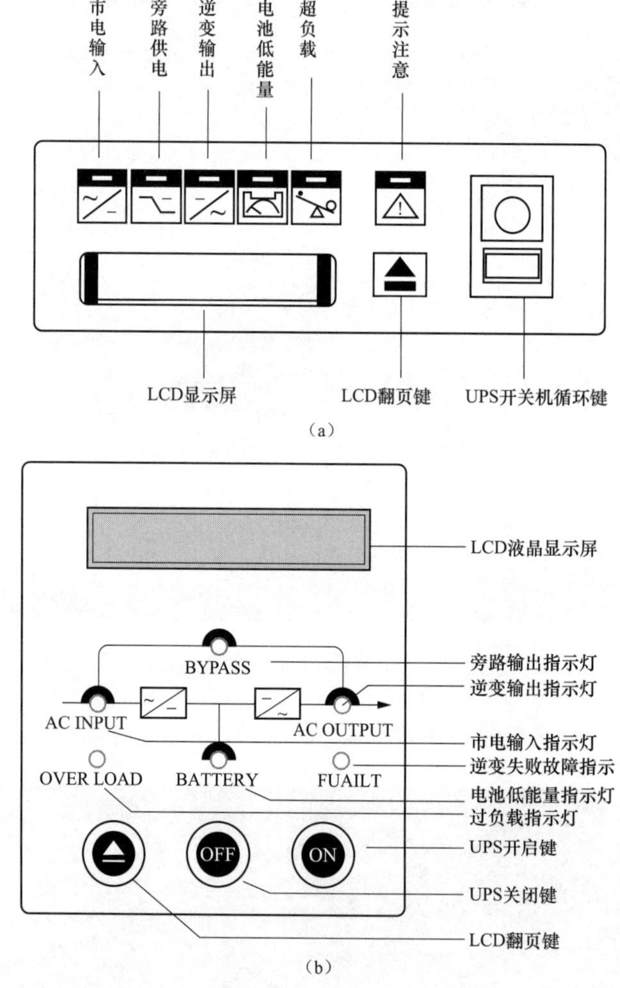

图 2-28　备用电源面板说明

（a）琴键开关式；（b）触摸开关式

指示灯对应的 UPS 工作状态如表 2-2 所示。

表 2-2　**UPS 工作状态**

状态＼指示灯	AC INPUT	BYPASS	AC OUTPUT	BATTERY	OVER LOAD	FAULT
旁路供电	●	●	○	○	○	○
正常供电	●	○	●	○	○	○
电池供电	○	○	●	○	○	○
电池低压	×	×	●	●	○	○
过载	×	×	×	×	●	×
逆变故障	×	×	×	×	×	●

LCD 显示内容如表 2-3 所示。

表 2-3　**LED 显示内容**

页码	内容	页码	内容
#1	公司名称、机器型号	#6	输出频率
#2	UPS 运行状态、工作方式	#7	电池电压
#3	输入电压	#8	负载容量
#4	输入频率	#9	机内温度
#5	输出电压		

RS232 通信口引脚说明如图 2-29 所示。

引脚	含义	I/O
2	TXD	Output
3	RXD	Input
5	GND	Output

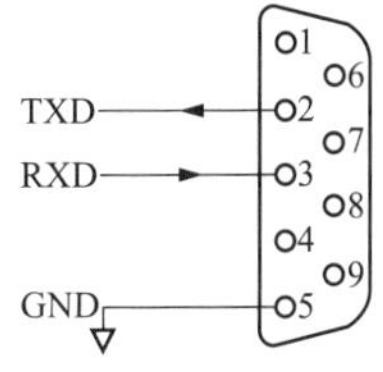

图 2-29　RS232 通信口引脚说明

（3）开机操作：

第一步：确认所有开关是否处于关闭状态，检查连接好的输入输出电源线及电池线，确保无接错或接反。

第二步：闭合市电输入配电开关，测量输入电压是否正常。

第三步：闭合 UPS 交流输入开关，测量充电电压是否正常；旁路输出是否正常。

第四步：断开 UPS 交流输入开关。

第五步：闭合电池开关，测量电池电压是否正常。

第六步：开启 UPS 前面板“ON”开关，启动 UPS。

第七步：UPS 逆变输出指示灯点亮后，测量输出电压是否正常。

第八步：再闭合 UPS 交流输入开关。

第九步：闭合输出配电开关，给负载供电（开启负载时，原则上按先大后小的顺序逐个开启，应避免所有负载同时启动）。

（4）关机操作：

第一步：关闭负载。

第二步：断开输出配电开关。

第三步：断开 UPS 交流输入开关。

第四步：断开电池开关。

（5）紧急关机操作：

第一步：断开 UPS 输入总开关。

第二步：断开其他开关。

5. 经验总结

为保证 230MHz 采集子站前置机和电台正常不间断的工作，必须保证 230MHz 子站备用电源长期处于良好状态。采集运维人员应认真阅读备用电源使用说明书，经常检查备用电源的工作状态，关注备用电源使用年限，防止备用电源电池老化，保证备用电源长期处于良好状态。

简单故障排除如表 2-4 所示。

表 2-4　　简单故障排除表

异常状况	可能原因	处理方法
间歇报警，4s 一次	市电异常	检查输入配线是否掉相，输入电压是否异常
市电正常，间歇报警，1s 一次	电池低压	检查电池电压是否异常，充电是否异常
放电时间过短	充电器故障或电池损坏	检查充电是否异常
连续报警，“逆变故障”灯亮	UPS 故障或过负载冲击保护	关闭 UPS 前板开关，再重新启动。若依旧长鸣，请与本公司客服中心联系
连续报警，“过载”灯亮	负载过重	减轻负载
市电正常，但“市电输入”灯不亮	充电板故障	更换充电板

6. 预防措施

（1）每 6 个月对 UPS 输入输出导线的连接处紧固一次，防止松动。

（2）UPS 应定期（一年）进行一次灰尘清扫，主要清扫机内各线路板和风扇网罩，机箱通风孔等方面，并检查 UPS 风扇转动是否正常。

（3）定期（6 个月）清洁电池灰尘和检查电池连接导线有无松动。

（4）长期没有停电的场合，建议每 6 个月对电池进行人为放电一次。发现电池不佳，应及时提早更换。电池不宜个别更换。

（5）避免电池小电流放电，防止电池过放电。一般负载控制在 UPS 额定输出的 60%～80%。

【案例 2-6】230MHz 中继站天馈线故障

1. 故障描述

2016 年 4 月 7 日，某供电分公司中继站遭遇大风灾害，天馈线损坏，导致该供电分公司所有 230MHz 终端无日冻结数据和实时数据。

2. 故障现象

采集运维人员在巡视中发现，某供电分公司所有 230MHz 终端无日冻结数据，对漏抄数据进行补召时，系统提示“等待应答超时”。故障点现场插图及说明如下：

所有 230MHz 终端全部漏抄，如图 2-30 所示。

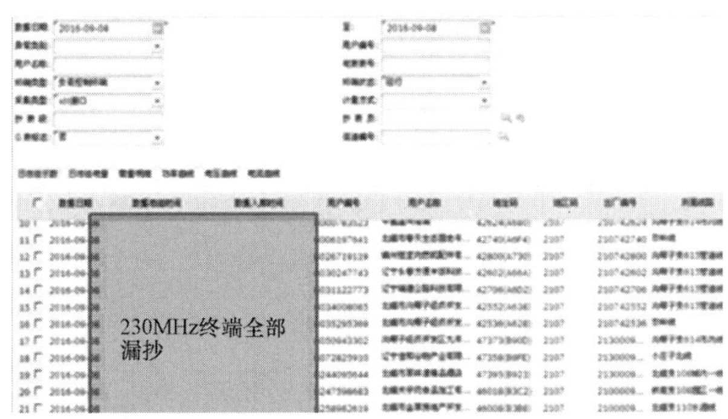

图 2-30　主站系统显示漏抄

召测 230MHz 终端实时数据超时，如图 2-31 所示。

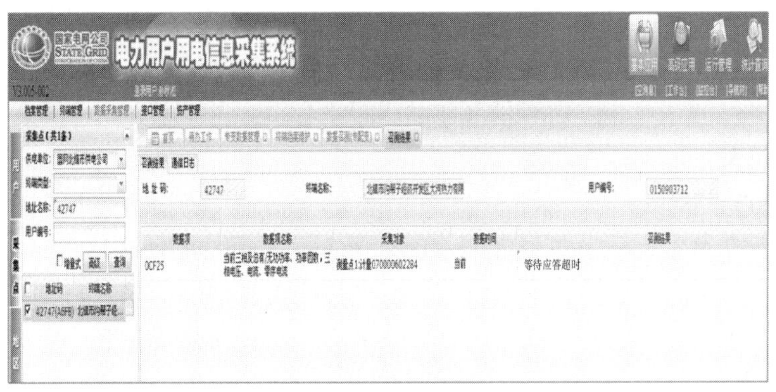

图 2-31　数据采集管理显示超时

3. 原因分析

首先，应划定故障范围。由于是中继站辖区下所有 230MHz 终端无冻结数据和实时数据，所以故障点应发生在该中继站内。

中继站内可能发生的故障有：前置机故障、前置机网络故障、电台故障、天馈线故障。远程登录中继站前置机，发现前置机“连接成功”。因此可排除中继站前置机及其网络故障。

中继站前置机连接成功显示情况如图 2-32 所示。

由于前一日有暴风，所以应考虑室外天馈线是否正常。联系中继站现场运维人员检查天馈线。运维人员反馈现场天馈线位置倾斜，连接电缆严重损坏。所以此次故障的原因可能是中继站天馈线及电缆损坏造成的。

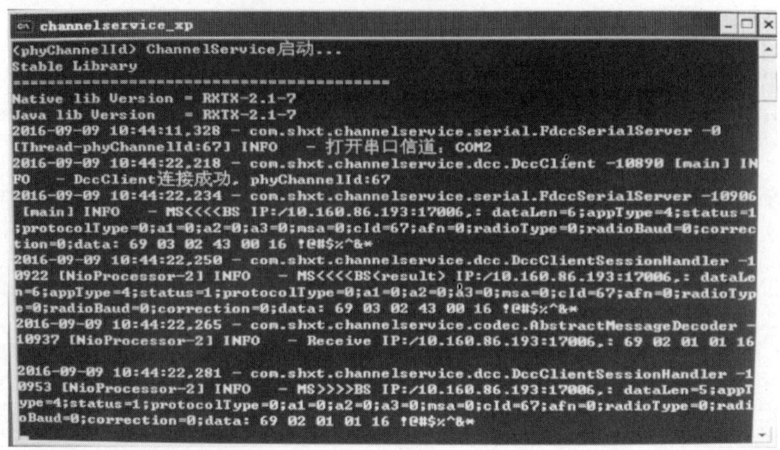

图 2-32　中继站前置机连接成功显示情况

4. 故障处理方法及步骤

第一步：现场勘查，确定原天馈线和电缆的型号、规格、生产厂家，电缆的长度，铺设路径。

第二步：制订施工方案及安全措施。

第三步：拆除旧的天馈线及电缆。

第四步：安装新的天馈线及电缆。

第五步：现场调试。将功率计串联在电台与天馈线之间测量新天馈线回路的驻波比，小于 1.5。

第六步：主站调试，主站向终端发送数据补召命令。所有终端漏抄数据补召成功，中继站恢复正常运行。

5. 经验总结

暴雨、大风等异常天气易造成 230MHz 采集主站、子站、中继站及采集终端天馈线损坏。230MHz 采集主站、子站、中继站天馈线损坏会直接影响其辖区内 230MHz 所有终端的数据采集，230MHz 终端天馈线损坏会影响该终端的数据采集。

6. 预防措施

（1）230MHz 天馈线安装应牢固可靠，对暴风、骤雨具有一定抵御能力。

（2）异常天气注意巡视 230MHz 天馈线及电缆运行状态，做好防范措施，尽量避免异常天气对 230MHz 天馈线及电缆的损坏。

（3）注意日常维护，防止天馈线氧化，防止电缆破裂、风化。

（4）随时准备好备用 230MHz 天馈线及其配件，减小突发 230MHz 天馈线损坏对采集成功率的影响。

【案例 2-7】230MHz 中继站前置机死机故障

1. 故障描述

8 月 3 日 23 时，某供电分公司 230MHz 中继站前置机死机，导致该中继站与供电公司子站间的通信中断，该供电分公司所有 230MHz 终端无日冻结数据和实时数据。

2. 故障现象

8 月 4 日 9 时，某供电公司子站采集运维人员在进行日冻结数据漏抄补召过程中，发现其下供电分公司的 230MHz 终端返回报文均为“不在线”。远程登录该供电分公司中继站前置机不成功，派采集运维人员去中继站检查，发现前置机屏幕不滚动，出现死机现象。故障点现场插图及说明如下：

召测 230MHz 终端返回报文为“不在线”，如图 2-33 所示。

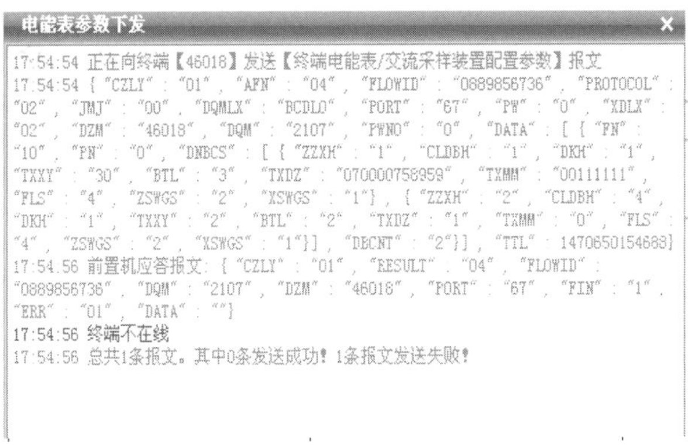

图 2-33　终端返回报文

远程登录中继站前置机失败，如图 2-34 所示。

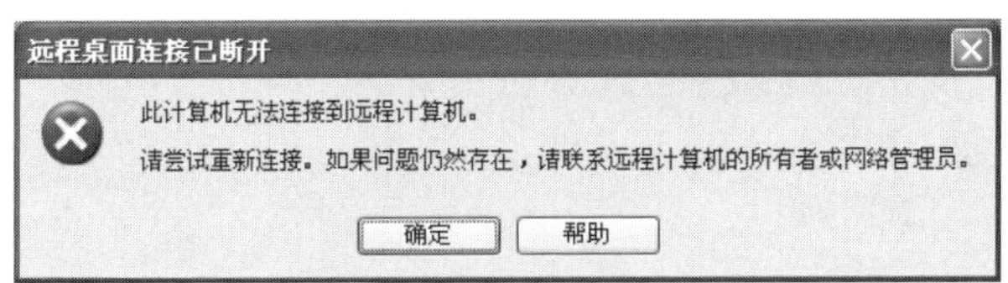

图 2-34　远程登录联机失败

前置机屏幕不滚动，出现死机现象，如图 2-35 所示。

图 2-35　前置机死机界面

3. 原因分析

采集子站与中继站间的数据传输方式如图 2-36 所示。

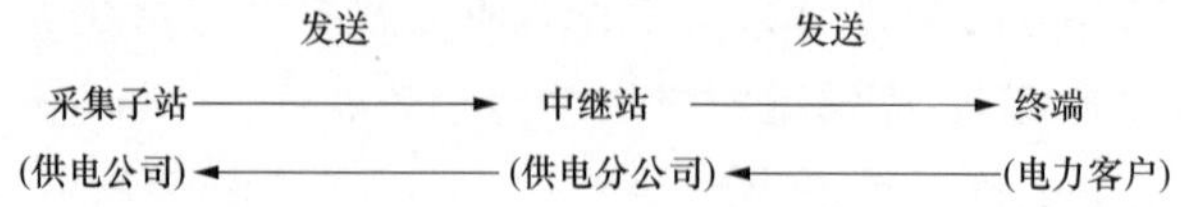

图 2-36 采集子站与中继站间的数据传输方式

由于 230MHz 中继站前置机死机，导致中继站前置机无法执行采集子站下发的召测命令，无法接收 230MHz 终端上传的日冻结数据，更无法将中继站 230MHz 终端的日冻结数据上传至采集子站。所以在 8 月 3 日 23 时至 8 月 4 日 9 时，该中继站前置机死机故障消除前，230MHz 中继站与 230MHz 采集子站间的通信中断，中继站辖区下所有 230MHz 终端无实时数据与日冻结数据。

4. 故障处理方法及步骤

（1）故障处理方法：重启 230MHz 中继站前置机，待其工作正常后，由 230MHz 采集子站重新发送日冻结数据补召命令，直至中继站所有 230MHz 终端日冻结数据补召成功。

（2）故障处理步骤：重启 230MHz 中继站前置机后，远程登录中继站前置机。

第一步：点击“开始”—“附件”—“远程桌面连接”。

第二步：输入“用户名”和“密码”后，点击确定。

第三步：在远程桌面连接界面点击“连接”，界面如图 2-37 所示。

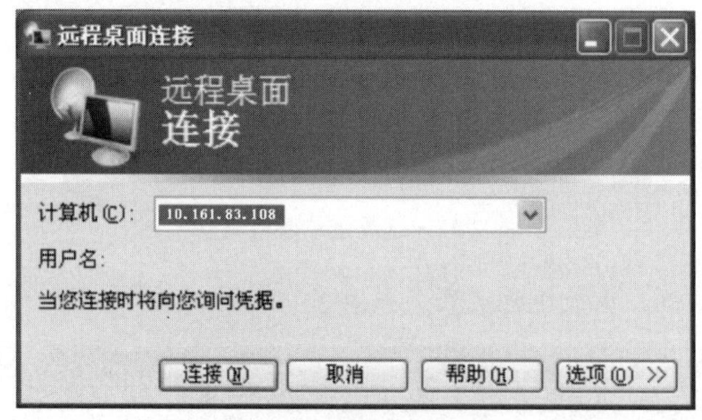

图 2-37 远程桌面连接界面

在 230MHz 采集子站，应用“采集系统”，向中继站所有 230MHz 终端发送日冻结数据补召命令，具体如图 2-38 所示。

在 230MHz 采集子站，成功补召中继站辖区下 230MHz 终端日冻结数据，具体如图 2-39 所示。

5. 经验总结

当某分公司 230MHz 终端用户发生日冻结数据全部漏抄，且无实时数据时，应首先排除某分公司中继站故障。检查中继站的电台、天线、供电电源、前置机及其网络。首先应检查中继站的前置机运行状态，如果前置机死机或连接失败，则可排除 230MHz 电台故障、天线故障、供电电源故障。当前置机出现画面长期不滚动，且无接收和发送报文的声音时，可判断为前置机死机故障。前置机发生死机时，一般通过重启的方法就可消除故障。当对前置机出现连接失败时，可判定为网络故障。网络故障需要通过网络连接各节点的故障进行逐一排查和解决。

日冻结示数召测
20:48:42 正在向终端【42544】发送【日冻结正向有/无功电能示值、一/四象限无功电能示值（总、费率1~M）】报文
20:48:42 { "CZLY" : "01" , "AFN" : "0D" , "FLOWID" : "0889885779" , "PROTOCOL" : "02" , "JMJ" : "00" , "DQMLX" : "BCDLO" , "PORT" : "55" , "XDLX" : "02" , "DZM" : "42544" , "DQM" : "2107" , "DATA" : [{ "FN" : "1" , "PN" : "4" , "C3RQ" : "2016-08-07"}] , "TTL" : 1470660582245}
20:48:45 前置机应答报文 : { "CZLY" : "01" , "RESULT" : "02" , "FIN" : "0" , "FLOWID" : "0889885779" , "DQM" : "2:07" , "DZM" : "42544" , "PORT" : "55" , "FRAME" : "683D003D00684B072130A6020B6A0801010007081 6F116" , "FSSJ" : "2016-08-08 20:48:43" , "FEPID" : "s137"}
20:48:45 前置机应答:报文成功下发给终端, 等待终端应答...
20:48:45 前置机应答报文 : { "AFN" : "0D" , "CON" : "0" , "CONSUME_TIME" : "2016-08-08 20:48:44" , "CZLY" : "01" , "DATA" : [{ "CBRQ" : "16-08-07" , "CBSJ" : "16-08-08 00:00" , "FLS" : "4" , "FN" : "1" , "PARSEID" : "GWODF001" , "PN" : "4" , "XXWG10" : "1949.32" , "XXWG11" : "0.00" , "XXWG12" : "797.30" , "XXWG13" : "839.29" , "XXWG14" : "3:2.72" , "XXWG40" : "0.19" , "XXWG41" : "0.00" , "XXWG42" : "0.06" , "XXWG43" : "0.05" , "XXWG44" : "0.07" , "ZXWG0" : "1949.32" , "ZXWG1" : "0.00" , "ZXWG2" : "797.30" , "ZXWG3" : "839.29" , "ZXWG4" : "312.72" , "ZXYG0" : "4705.2300" , "ZXYG1" : "0.0000" , "ZXYG2" : "1933.0100" , "ZXYG3" : "2074.8200" , "ZXYG4" : "697.3800"}] , "DQM" : "2107" , "DQMLX" : "BCDLO" , "DZM" : "42544" , "FEPID" : "s137" , "FIN" : "1" , "FLOWID" : "0889885779" ,

图 2-38　日冻结数据补召命令

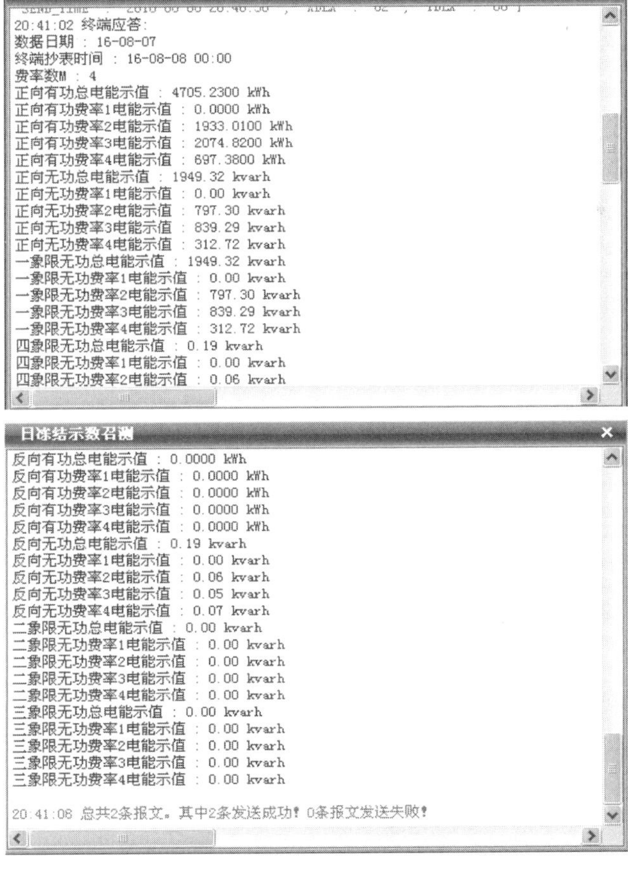

图 2-39　成功补召日冻结数据

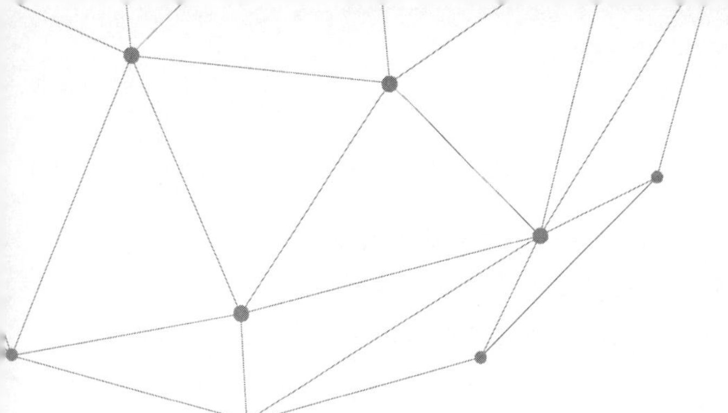

第3章 采 集 设 备

采集设备是指远程通信连接采集系统主站，本地通信连接电能表的一种设备，同时是远程通信网的子端，也是本地通信网的主端。其作用是通过本地通信网采集电能表的各项数据，将数据通过远程通信网报给采集系统主站。

采集设备按应用范围不同，可分为专变采集终端、低压集中器、GPRS 表、场站终端等，由通信方式不同也可以划分为 GPRS 型、CDMA 型、230M 型等。

专变采集终端一般应用于专变台区的电能表采集及控制，具有较强大控制能力；低压集中器一般应用于公变台区的低压用户表及考核表的采集，具有较强大集中采集能力；GPRS 表既可以作为电能表使用，也可以作为采集设备使用，一般应用于控制能力需求不高的专变台区，以及作为公变台区考核表使用；场站终端一般用于关口计量使用。

3.1 专变采集终端

专变采集终端是对专变用户用电信息进行采集的设备，可以实现电能表数据的采集、电能计量设备工况和供电电能质量监测，以及客户用电负荷和电能量的监控，并对采集数据进行管理和双向传输。

3.1.1 常用类型

专变采集终端从外形上分为Ⅰ型、Ⅱ型、Ⅲ型，较常见的是Ⅰ型和Ⅲ型；从通信方式上分为 230M 型和 GPRS 型，一般情况下Ⅰ型专变采集终端多为 230M 通信方式，Ⅲ型专变采集终端既有 GPRS 型也有 230M 型。

1. Ⅰ型专变采集终端

（1）Ⅰ型专变采集终端外形尺寸如图 3-1 所示。

（2）Ⅰ型专变采集终端指示灯示意图如图 3-2 所示。

一轮～四轮用双色灯，其余用单色灯。

运行灯红色亮——终端运行正常。

运行灯红色灭——终端运行不正常。

一轮～四轮红灯亮——终端相应轮次处于允许合闸状态。

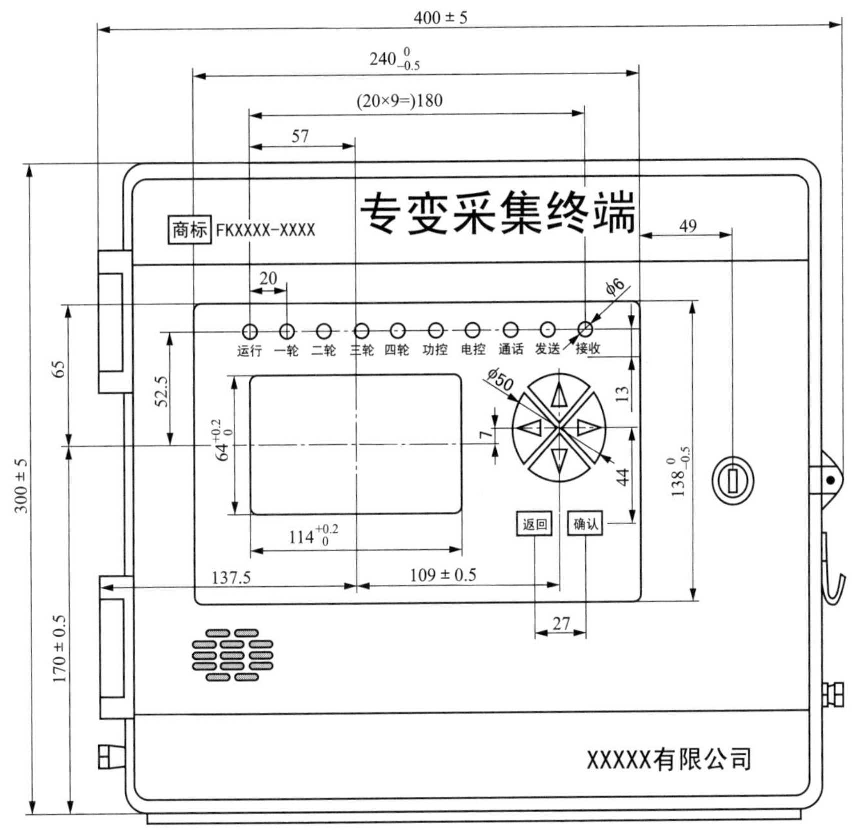

图 3-1　I 型专变采集终端外形尺寸

运行 一轮 二轮 三轮 四轮 功控 电控 通话 发送 接收

图 3-2　I 型专变采集终端指示灯示意图

一轮～四轮绿灯亮——终端相应轮次处于拉闸状态。

功控红灯亮——终端时段控、厂休控、营业报停控或当前功率下浮控至少有一种控制投入。

功控红灯灭——终端时段控、厂休控、营业报停控或当前功率下浮控都解除。

电控红灯亮——终端购电控投入。

电控红灯灭——终端购电控解除。

通话红灯亮——终端电台处于通话状态，通话最长时间为 10min，终端的电台为半双工电台。

通话红灯灭——终端电台处于数传状态，此时不能进行通话。

收信绿灯亮、发信红灯亮——终端电台正处于接收数据或发送数据状态。

2. III型专变采集终端

（1）III型专变采集采集终端外形尺寸如图 3-3 所示。

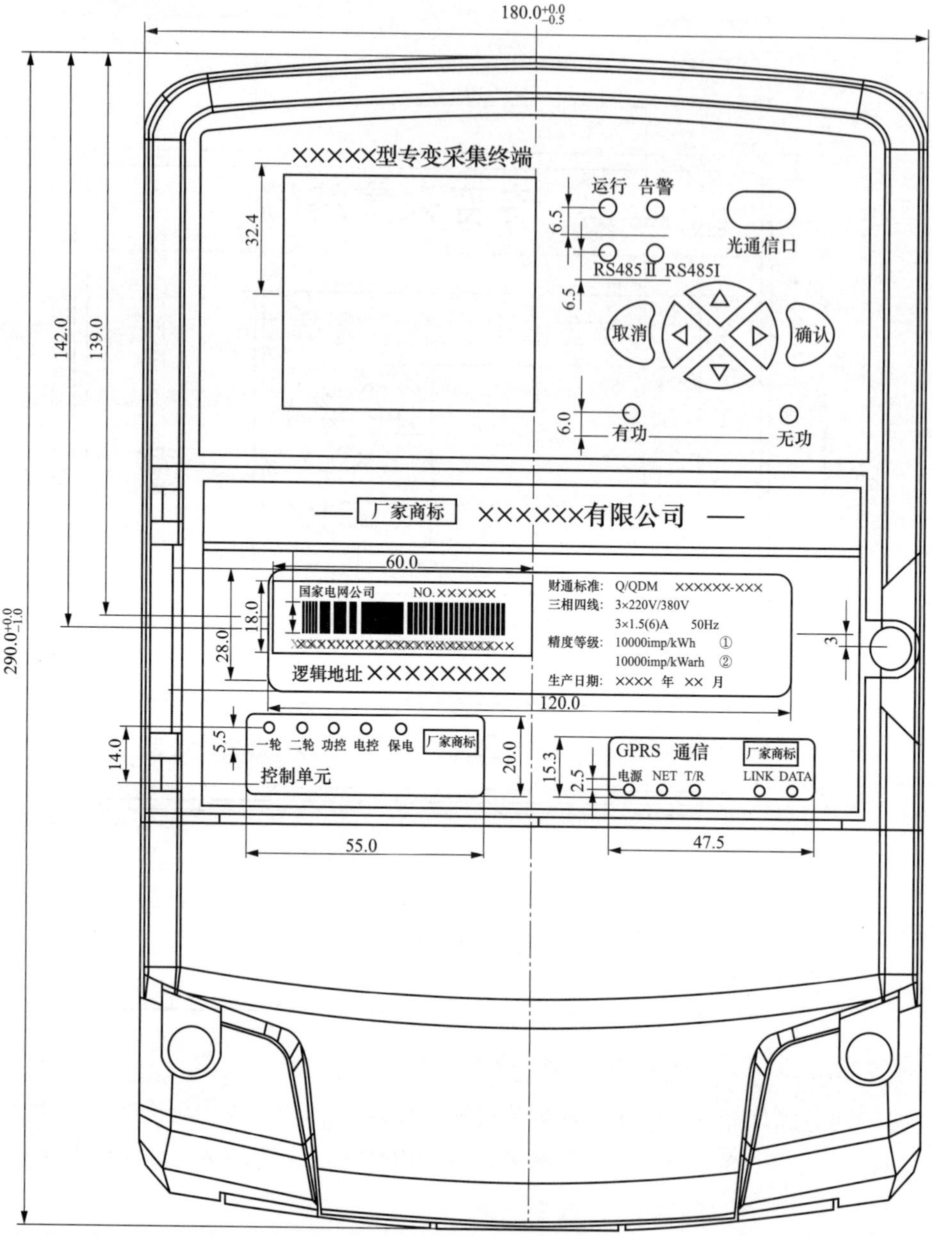

图 3-3　Ⅲ型专变采集终端外形尺寸

（2）Ⅲ型专变采集终端状态指示说明。

1）终端本体指示灯说明。

运行灯——运行状态指示灯，红色灯常亮表示终端主 CPU 正常运行，但未和主站建立连接，灯亮一秒、灭一秒交替闪烁表示终端正常运行且和主站建立连接。

告警灯——告警状态指示，红色灯亮一秒、灭一秒交替闪烁表示终端告警。

RS485Ⅰ——RS485Ⅰ通信状态指示，红灯闪烁表示模块接收数据；绿灯闪烁表示模块发送数据。

RS485Ⅱ——RS485Ⅱ通信状态指示，红灯闪烁表示模块接收数据；绿灯闪烁表示模块发送数据。

2）远程 GPRS 通信模块状态指示灯如图 3-4 所示，说明如下：

电源灯——模块上电指示灯，红色灯亮表示模块上电，灯灭表示模块失电。

NET 灯——通信模块与无线网络链路状态指示灯，亮时为绿色。

T/R 灯——模块数据通信指示灯，红绿双色，红灯闪烁表示模块接收数据；绿灯闪烁表示模块发送数据。

LINK 灯——以太网状态指示灯，绿色灯常亮表示以太网口成功建立连接。

DATA 灯——以太网数据指示灯，红色灯闪烁表示以太网口上有数据交换。

3）远程 230M 通信模块状态指示灯如图 3-5 所示，说明如下；

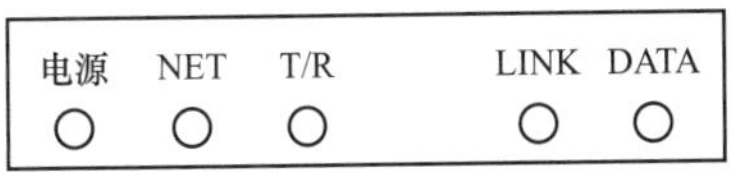

电源 NET T/R LINK DATA

图 3-4 GPRS 通信模块指示灯

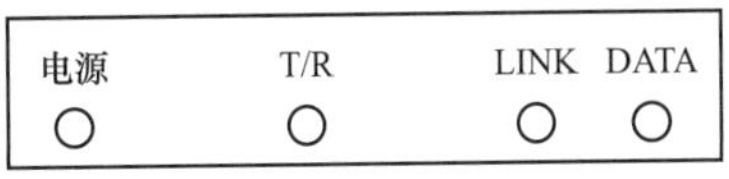

电源 T/R LINK DATA

图 3-5 230M 通信模块指示灯

电源灯——模块上电指示灯，红色灯亮表示模块上电，灯灭表示模块失电。

T/R 灯——模块数据通信指示灯，红绿双色，红灯闪烁表示模块接收数据，绿灯闪烁表示模块发送数据。

LINK 灯——以太网状态指示灯，绿色灯常亮表示以太网口成功建立连接。

DATA 灯——以太网数据指示灯，红色灯闪烁表示以太网口上有数据交换。

图 3-6 控制模块状态指示灯

4）控制模块状态指示灯如图 3-6 所示，说明如下：

轮次灯——轮次状态指示灯，红绿双色，红灯亮表示终端相应轮次处于拉闸状态，绿灯亮表示终端相应轮次的跳闸回路正常，具备跳闸条件，灯红一秒、绿一秒交替闪烁表示控制回路开关接入异常，灯灭表示该轮次未投入控制。

功控灯——功控状态指示灯，红色灯亮表示终端时段控、厂休控或当前功率下浮控至少一种控制投入，灯灭表示终端时段控、厂休控或当前功率下浮控都解除。

电控灯——电控状态指示灯，红色灯亮表示终端购电控或月电控投入，灯灭表示终端购电控或月电控解除。

保电灯——保电状态指示灯，红色灯亮表示终端保电投入，灯灭表示终端保电解除。

3.1.2 常见故障处理及案例分析

一、采集数据、故障查询及主站档案问题

1. 专变采集终端采集系统档案查询

在采集系统中，根据“基本应用”—“档案管理”—“终端档案维护”的顺序，可以按条件查询到专变采集终端的档案信息，如有设置错误，可以在此进行修改。采集系统档案查询界面如图 3-7 所示。

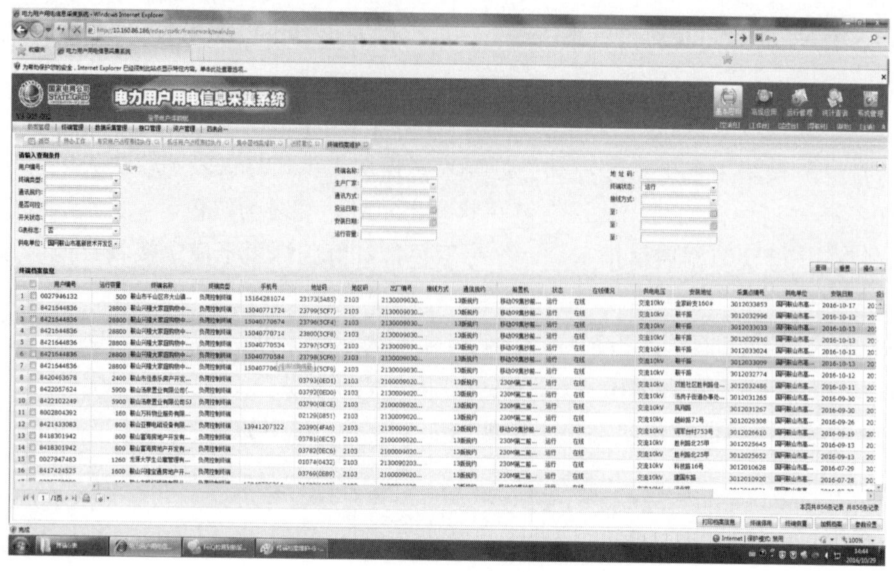

图 3-7　采集系统档案查询界面

（1）发现专变采集终端档案参数设置中错误，可以调整错误档案参数，其界面如图 3-8 所示。

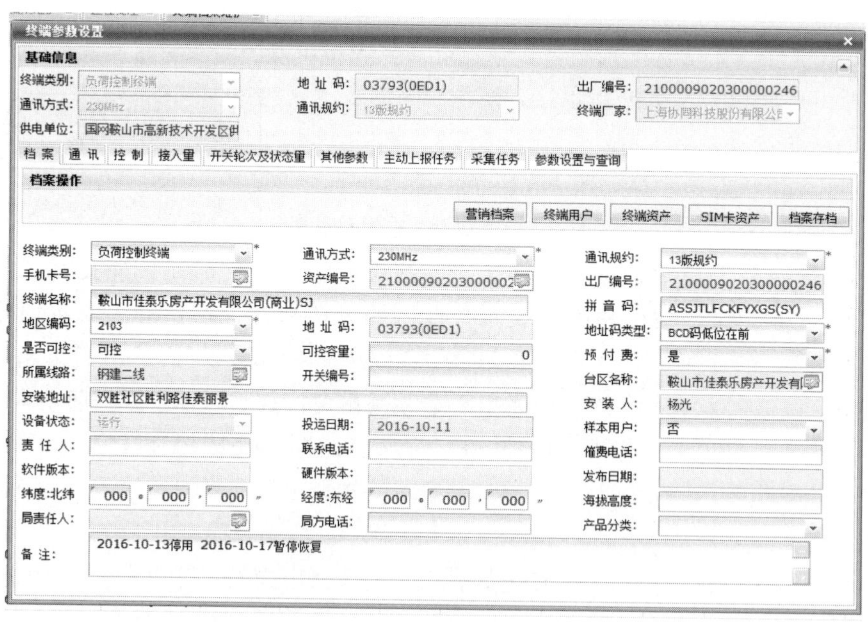

图 3-8　终端参数设置界面

（2）发现专变采集终端接入量设置错误，可以在接入量设置中进行更改，其界面如图 3-9 所示。

2．专变采集终端采集系统数据管理

按照“基本应用”—“采集数据管理”—“专变数据管理”的顺序，可以查询专变采集终端自动采集的数据，此功能也用于对故障终端的查询，比如异常类别选项选择漏抄，即可查看到漏抄表计信息。采集系统终端档案查询界面如图 3-10 所示。

注：专变采集终端在 GPRS 表中选项为“否”，GPRS 表作为专变监测终端则选“是”。

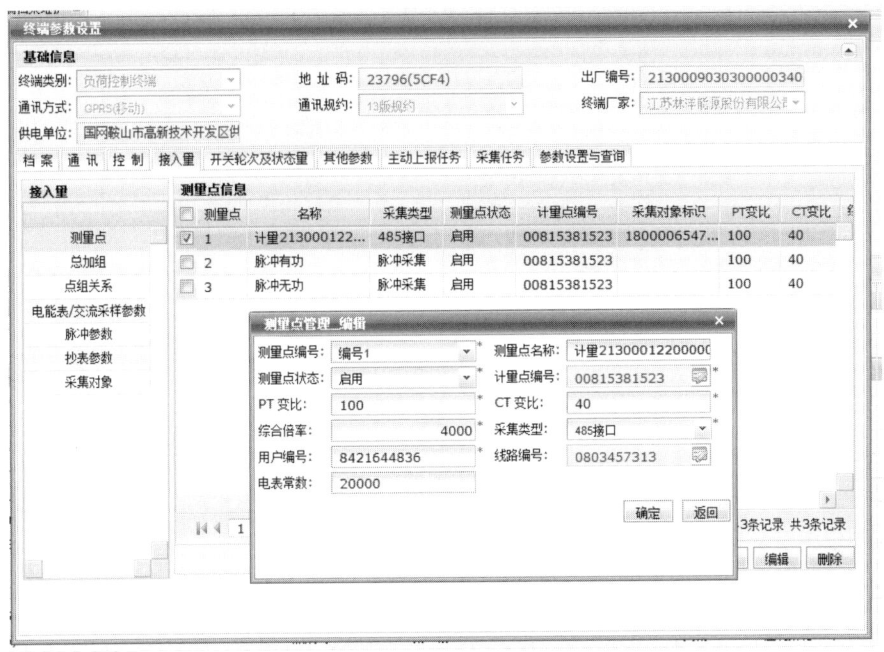

图 3-9 接入量设置错误的更改界面

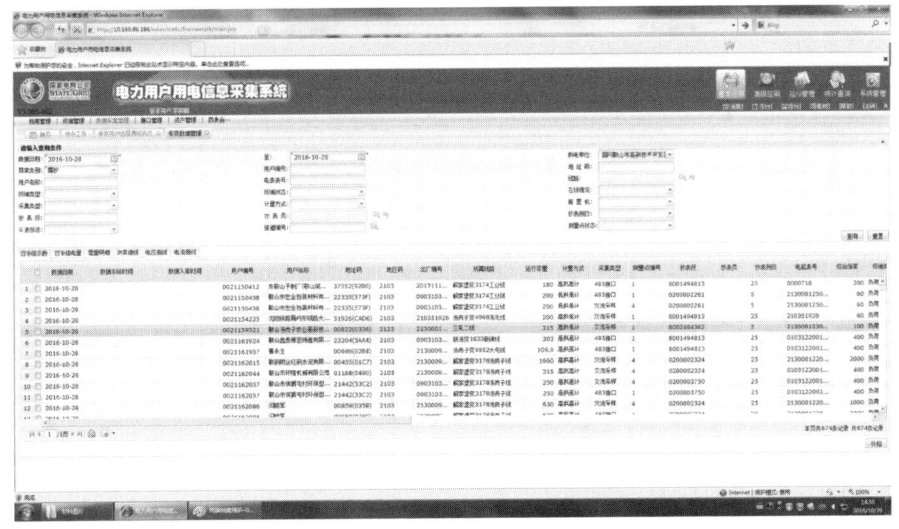

图 3-10 采集系统终端档案查询

专变采集终端的实时数据、终端状态等其他数据可以按照“基本应用”—“采集数据管理”—“数据召测（专配变）”的顺序进行手动召测。采集系统数据召测界面如图 3-11 所示。

3. 专变采集终端远程复位及对时

专变采集终端在一些特定事件发生时，需要进行远程复位操作，例如远程升级等，采集系统终端远程复位界面如图 3-12 所示。同样终端与主站时钟出现偏差时也需要对终端进行对时，以保证采集数据的准确性，采集系统终端对时界面如图 3-13 所示。

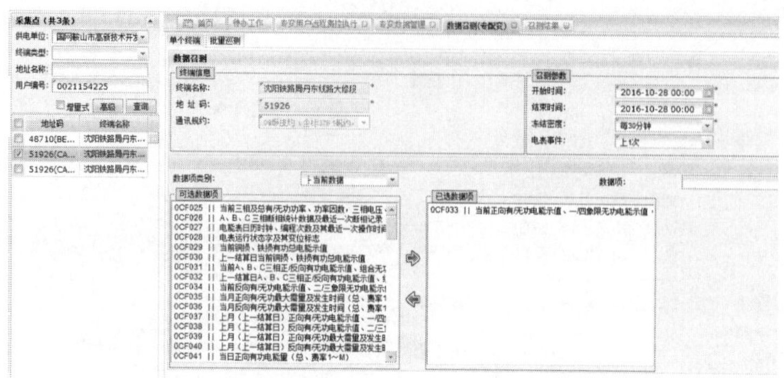

图 3-11　采集系统数据召测（专配变）界面

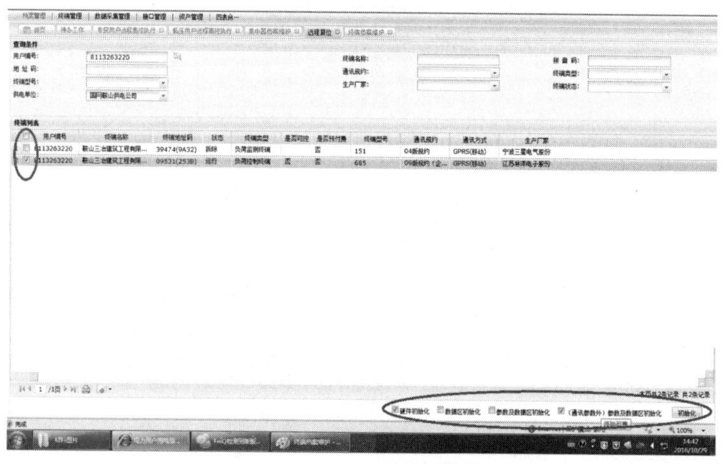

图 3-12　采集系统终端远程复位界面

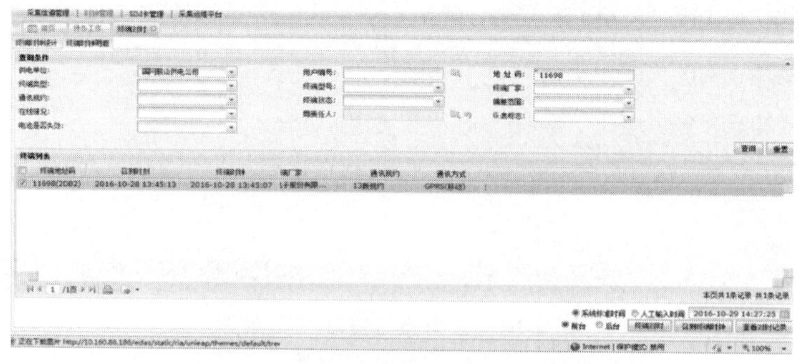

图 3-13　采集系统终端对时界面

4. 采集系统档案及参数配置

现场设备在无法采集数据时，首先要确认采集系统中的采集档案、参数配置、运行状态和资产信息等数据是否正确。采集系统终端档案参数配置界面如图 3-14 所示。

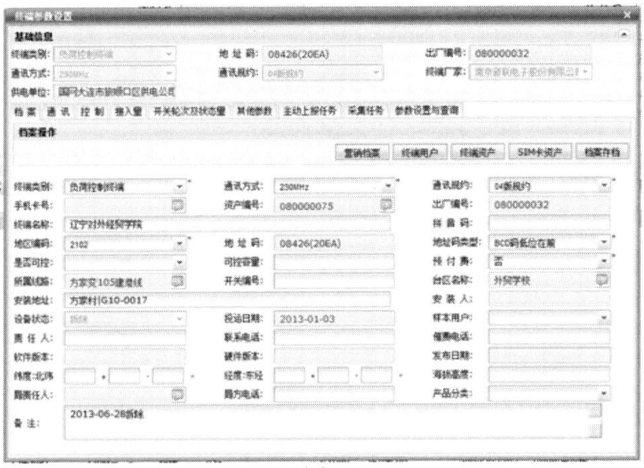

（a）

（b）

（c）

图 3-14　采集系统终端档案参数配置界面（一）

（a）230M 终端档案参数配置；（b）230M 终端通信参数设置；

（c）GPRS 终端档案参数配置

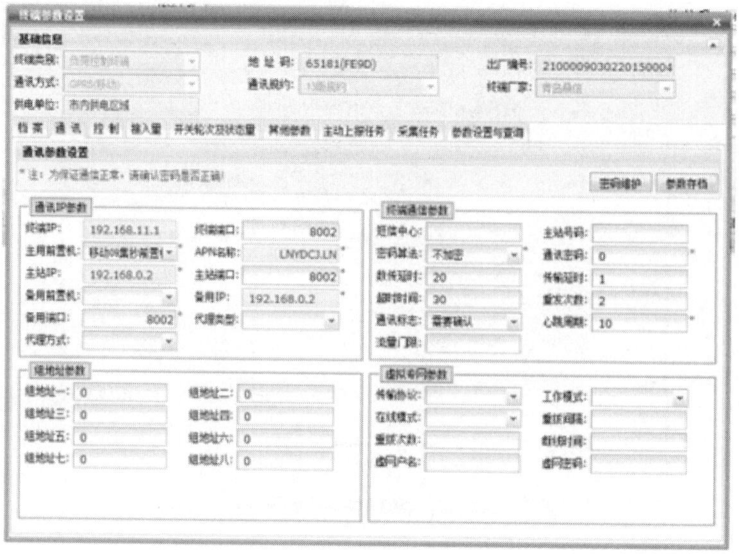

（d）

图 3-14　采集系统终端档案参数配置界面（二）

（d）GPRS 终端通信参数设置

二、远程通信传输故障

【故障 3-1】230MHz 信号电磁干扰故障

1. 故障总体概述

无线专变采集终端是采用无线电通信设备进行数据传输的终端机。230MHz 频段是国家无线电管理委员会划分的电力负荷管理系统专用频段。230MHz 无线网通信终端以其方便灵活、组网快的特点在电力负荷管理系统中得到了广泛的应用，成为主流的系统通信方式。其主要缺点是受气候及地形距离的影响比较大，通信频道受限制，通信速率相对较低。数据传输时有时无，下发参数常常得不到返回帧，终端通信效果受天气影响明显，在阴天或起雾的天气终端无法通信。

2. 原因分析

由于 230MHz 通信信号故障常常伴随着终端硬件故障，因此首要问题还是要按照规范的步骤判断出故障是自行解决还是需要厂家协助解决。

3. 通用的通信失败处理流程

（1）检测终端显示是否正常，若电源灯不亮，则检测交流电源是否正常，可以通过测量电源模块输出回落的电压判断，通常输出回落的电压有 5、12、13.8、20V；同时检测电源模块的输入电压、熔丝是否正常。如电源故障，则需要更换电源模块。

（2）检测电台接收是否正常，若接收灯不亮，则检测电台频道是否设置在本区域正确的频点上。若频点设置正确，应利用场强仪对终端的接收场强进行测试，判断是否存在干扰。

（3）检测主板是否接受正常，若主板接收灯不亮，则检测调制解调模块是否正常。

（4）检测主板是否有回码，若主板无回码，则更换主板。

（5）最后检测电台功率、天线方向和驻波比。电台正常情况下，发射功率为 5 ~ 10W，反射功率不大于 0.5W，驻波比小于 1.3。如果发射功率很小，也没有反射功率，则证明电台有问题，需要更换电台。如果发射功率较小，反射功率与发射功率相等或较大，则是天线有问题，应重点检查天线电缆接头焊接时是否有短路或开路，天线振子是否损坏。

4. 故障处理方法和步骤

处理故障时，硬件故障则更换硬件，通信信号不稳定通常使用 PROTEK3200 型场强分析仪（如图 3-15 所示）测试终端天线安装位置周围的电磁环境。它是 230MHz 专变采集终端安装、调试、运行维护人员必备的工具之一，它能够在终端天线架设时选择最佳的方位和高度，测定无线电干扰场强、找到干扰源和解决、处理干扰的具体数据和方法。

在天馈线安装和维护过程中，天线的架设前要先对所用频率的场值进行测试，从而测定下行场强信号强度，确定天线的方向和高度，同时也可以对同一频率点干扰场强进行监测。

基站通过基站电台发射一载频为 230.850MHz 的信号，在测试点用 PROTEK3200 场强接收仪收到这一信号后，读出自该测试点接收到基站的电平值，然后即可换算出场强值，这即为下行信号的场强值。

而上行信号的场强值，在用户端通过 ND886A 电台发射一载频为 223.850MHz 的信号，在中央站用 PROTEK3200 场强接收仪收到这一信号后，读出该测试点接收到用户的电平值，然后即可换算出上行场强值。

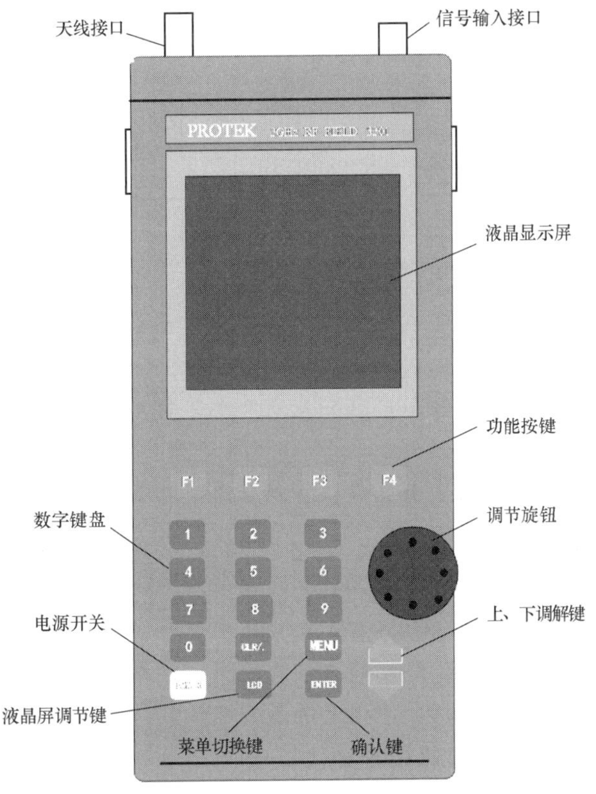

图 3-15　场强分析仪

通过场强仪对接收场强的分析，判定原天线安装位置存在较大电磁干扰，需要更换位置，通过场强仪合理选择正确的安装位置后，重新架设天线，最终解决故障。

5. 经验总结

230MHz 终端天馈线安装一定要求遵守一定准则：

（1）天线、馈线安装应固定牢靠。天线方向应对向中央站或中继站（向角差小于 30°），在承受强风时，仍能保证天线方向的稳定性。

（2）天线、馈线间连接的接头应接触良好，并用绝缘和防水胶带缠好，如图 3-16 所示。

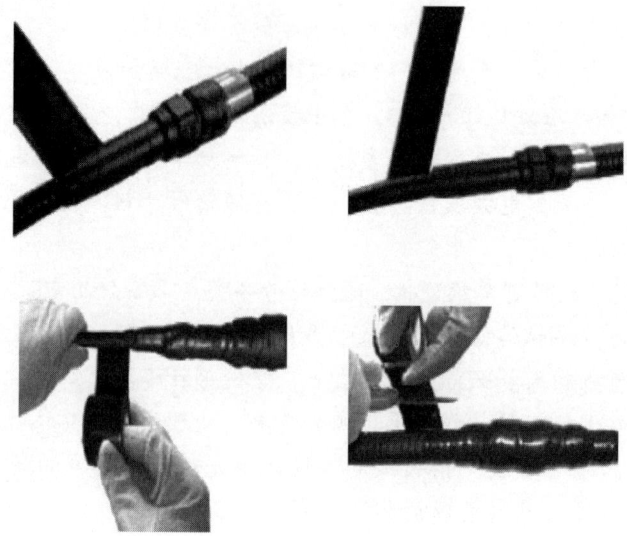

图 3-16 天线安装示意图

（3）天线正前方近距离内不应有金属物体。天线应远离高压电力线路和高压变压器，切忌与高压线平行。应远离中、高频电炉等带电设备；天线安装高度至少高于支撑平面 2m，如图 3-17 所示。

（4）对有高大建筑阻挡和偏远郊区用户天线的安装位置、高度，至少应能满足在背景噪声为 5dBu 及以下时，终端机测试接收场强达到 16dBu 及以上（外县区至少应达到 14dBu 及以上）的标准。

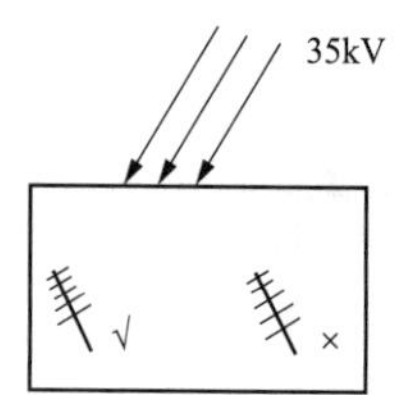

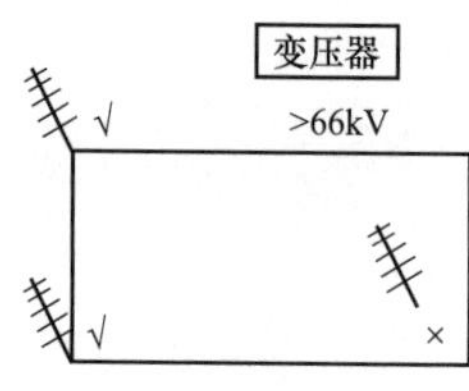

图 3-17 天线架设位置示意图

（5）确定用户天线需要安装避雷装置时，装有避雷针的天线竖杆、金属基座必须可靠接地，应确保有源振子在避雷针的 45°的有效保护范围内。

（6）一般用户应安装五单元定向天线，偏远郊区的用户可以安装更多单元的高增益定向天线。

（7）馈线由天线引下时，应紧贴天线竖杆；沿墙或电缆通道引下时，每隔一定距离应用固定物件固定。

【故障 3-2】230MHz 终端馈线系统故障

1. 故障描述

230MHz 终端馈线系统故障，终端接收不到主站下发的指令，或者接受效果不好，或者只能接受指令，但无法返回确认帧，现场终端收发正常。

2. 故障原因分析判断

由于终端电源工作指示灯正常，考虑到天馈线系统故障，利用终端机与主台进行通话，检测终端机与主台通话不正常。首先检查终端机频率，发现与该区域主台频率对应，证明频点设置正确。通过按下终端右侧外置话筒的通话键，电台发射指示灯点亮，基本可以判定电台工作正常。进一步确认应用功率计测试终端机电台的发射功率，检测终端电台功率是否符合额定功率，电台功率不为零，则证明电台有功率，电台基本可以确认无问题。但电台功率较小，利用功率计测试天线的反射功率和驻波比，发现反射功率和驻波比很大，则证明天线系统有问题，重点检查天馈线系统。馈线常见故障为断路、屏蔽层与芯焊接短路。使用万用表电阻挡检查；天线常见故障为方向角偏移、振子有裂痕，电缆连接头进水等。用场强仪测试终端接收场强是否达到25dB以上。用功率计测试天线驻波比是否小于1.3。

3. 故障处理方法及步骤

使用功率计（如图3-18所示）测试发射功率、反射功率和驻波比。SX-600型通过式高频功率计，一般称为SWR功率计，是负控维护中必备的仪器仪表。SWR功率计连接在天线与无线电台之间，通过简单的操作，即可测量无线电设备的发射功率、反射功率和驻波比等，另外，运行SSB时，能够方便地查看功率变化的峰值。

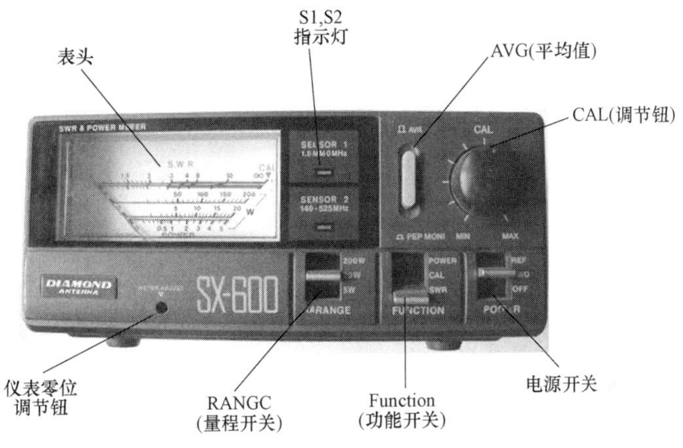

图3-18 功率计示意图

4. 经验总结

线缆损耗统计如表3-1所示，尽量使用低损耗馈线，主要可以选用SYV-50-7D型。

表3-1 线缆损耗统计

馈线型号	损耗
普通型——实心聚乙烯绝缘射频电缆	
SYV-50-5D	
SYV-50-7D	0.137dB/m（单股）
SYV-50-7-1	0.110dB/m（多股）
SYV-50-12D	0.06（多股）
物理发泡聚乙烯绝缘射频电缆	
SYWV-50-10D	0.05dB/m（单股）
SYWV-50-12D	0.04dB/m（单股）

天线有源振子与馈线接头处要拧紧，妥善密封以免渗水。

5. 预防措施

馈线施工后应制作敷设路径的图纸，为保证下次检修时易于判断故障位置。

【故障 3-3】GPRS 终端通信故障

1. 故障描述

公网 GPRS/CDMA 终端机（如图 3-19 所示）是通过公网通信模块借助移动或联通的公共通信网与主站进行通信的。终端机面板通常设有网络指示灯、信号接收和发送指示灯。同时屏幕显示相应网络的信号强度和通信状态。根据终端显示状态即可很快找到故障点，使故障得以迅速解决。由于 230 终端机与 GPRS 终端机只有通信方式不同，其他基本相同，以下只介绍 GPRS 终端机通信不通故障。

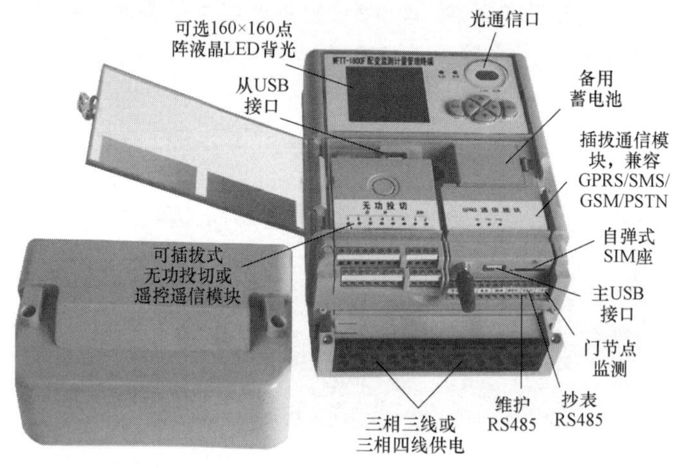

图 3-19　GPRS 终端示意图

GPRS 终端机通信不通故障现象为终端机不在线，主站显示终端掉线，GPRS 通信模块指示灯不亮，如图 3-20 所示。

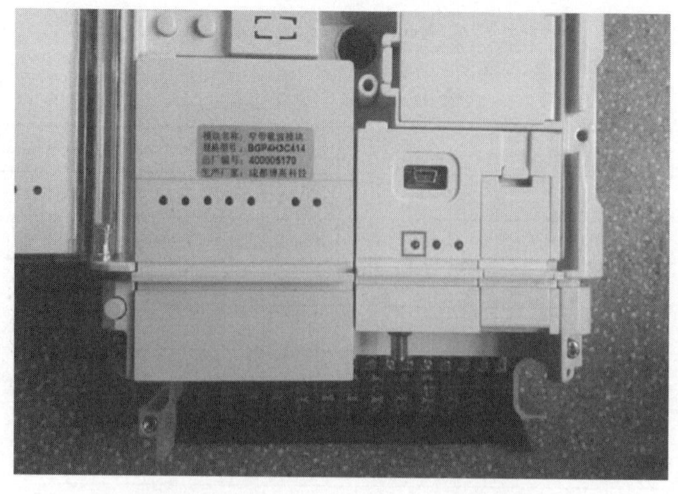

图 3-20　GPRS 终端机通信不通故障显示

2. 原因分析

出现 GPRS 终端机通信不通故障的原因可能是电源故障；SIM 卡故障；天线故障。具体可能是：①GPRS 模块未安装到位；②GPRS 模块故障；③GPRS 模块接口故障；④安装位置没有信号。

3. 故障处理方法和步骤

（1）SIM 卡欠费。续交话费。

（2）SIM 卡与通信模块接触不良。重新插入 SIM 卡，确保安装到位。

（3）GPRS 通信模块与终端接触不良。重新插拔通信模块，看指示灯是否显示正常，如图 3-21 所示。

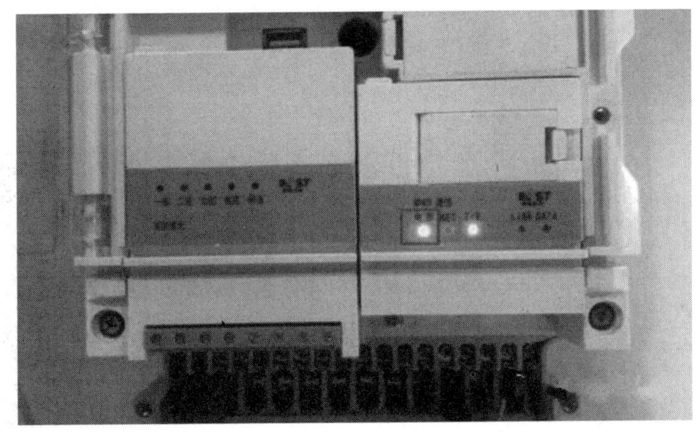

图 3-21　GPRS 终端机通信显示正常

（4）GPRS 通信模块坏。更换通信模块，如果更换模块仍有问题，则可能为 GPRS 接口故障，更换采集终端。

（5）SIM 卡是否开通 GPRS 业务。联系移动供应商，开通 GPRS 业务。

（6）信号太弱。设法改善信号强度，如使用分体式模块、安装信号增强设备等，如图 3-22 ~ 图 3-24 所示。

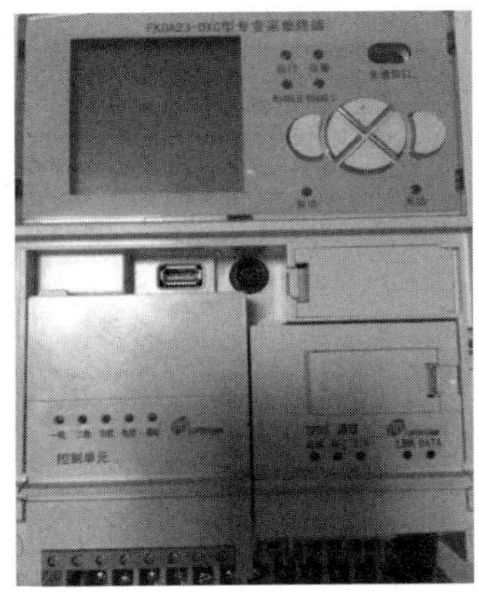

图 3-22　GPRS 终端分体式模块

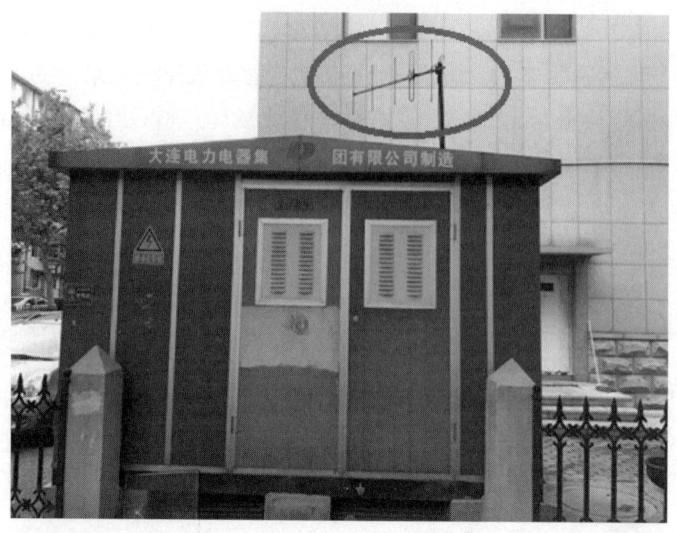

图 3-23　GPRS 终端八木天线

图 3-24　GPRS 终端信号放大器

（7）终端地址、行政区位码错。正确设置终端地址、行政区位码。

（8）终端通信参数设置错误。正确设置主站 IP、端口号、APN 等参数，其设置界面如图 3-25 所示。

4. 经验总结

GPRS 终端登录步骤一般是“打开串口”—“检测通信模块”—“检测 SIM 卡”—“网络注册”—“获取信号”—“读取通信模块型号”—“设置 APN”—“检测 GPRS 网络”—“开始拨号”—“LCP 链路协商”—“PPP 验证”—“正在连接服务器”—“发送登录报文”—终端上线（网络连接正常）。在终端菜单“实时信息”菜单项中的“调试信息”菜单有登录过程提示。

（1）如果终端不上线，首先确定是否是信号问题，通过复位键使终端重新启动，终端自动重新搜索信号。可在“调试信息”菜单查看搜索到的信号强度，需大于 12dB(–90dBm)，若周边环境信号较强而终端指示较低，可更换天线位置，重新测试。查看终端信号指示，应达到 2 格以上，或查看手机信号进行辅助确定。

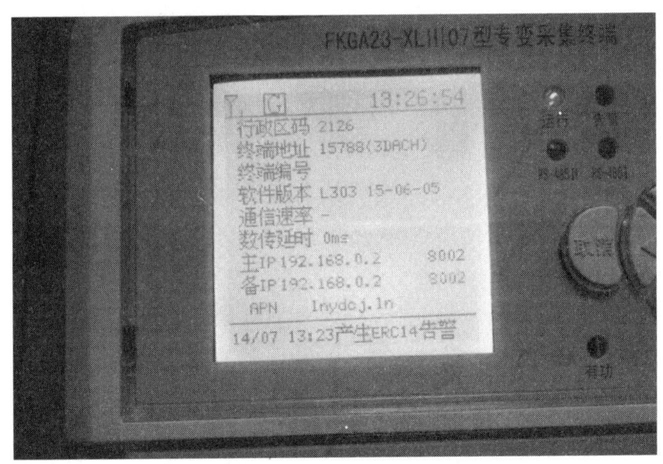

图 3-25 GPRS 终端通信参数设置界面

（2）如果故障分析处理，提示“注册网络失败”，检查 SIM 卡是否接触良好；检查 SIM 卡是否损坏。方法：将卡插入手机，正常时应能找到网络；否则通信模块故障。

（3）如果终端提示“无 GPRS 网络”，检查终端 SIM 卡是否开通 GPRS。用带上网功能的手机登录互联网，如不能登录可确定当地基站未开通 GPRS。基站有 GPRS 网络，模块寻找 GPRS 网络失败。尝试重新启动登录流程寻找。

（4）如果终端提示“拨号失败”，检查终端 APN 参数是否正确，SIM 卡未开通 APN，在终端绑定 IP 的系统中未获得合法 IP，信号较弱（结合信号强度确定）。

5. 预防措施

要加强 GPRS 终端的安装验收。

三、终端下层通信故障

【故障 3-4】专变采集终端抄表故障

1. 故障总体概述

采集终端抄表是一项基本功能，抄不到表的原因多种多样，除了接线的问题还有终端自身的问题。

2. 原因分析

分析专变采集终端无法抄表故障，还是要按照规范的步骤判断出故障是否是自行解决还是需要厂家协助解决。通用的处理流程如下：

（1）检查 RS485 界限是否正确，若不正确则进行修改。

（2）检查电能表表地址是否与终端设置的一致，若不一致则要求主站运行人员重新设置计量表表地址。

（3）检查电能表规约是否与终端设置的一致，若不一致则要求主站人员重新设置计量表通信规约。

（4）通过 RS485 接口检测仪，抄读电能表 RS485 端口，看是否能够抄到计量表的示数，若无法抄读，则证明计量表 RS485 接口损坏，需更换计量表。

（5）检测终端主板抄表芯片是否损坏，若未损坏则需要检查主板或底板。

2. 故障处理方法和步骤

终端机实现预抄表的过程大致为：主站下发预抄表表号、预抄表时间、预抄表分路号。终端机收到命令后，在第 14 项菜单显示预抄表的预抄分路号和预抄表表地址。当终端机时钟与主站下发的预抄时间相同时或过 30s，抄表盒开始抄表。这时可看到抄表盒的收、发灯交替闪烁，抄表完成后，发射灯持续点亮，这时抄表盒将所抄的数据传给终端机。在大约过 1min 后，可在终端机“读表数据”菜单中看到所抄回的数据。

抄表盒的主要故障表现形式为不能预抄表，其原因有以下几点：

（1）抄表盒 485 芯片损坏。当预抄时间与终端机时间相同时，抄表盒接收灯不亮，发射灯也不亮。更换 3085 后，抄表正常。

（2）抄表盒由于线间杂波干扰使程序出错，导致抄表盒不能预抄表。处理方法为：将终端机下电，重新上电后抄表盒恢复正常。这时再发预抄表命令即可实现预抄表。由于抄表盒没有自动复位电路，所以只能通过关闭电源的方法使其复位。故障表现为抄表盒运行灯不亮，似乎为抄表盒无 + 12V 电源，用万用表测抄表盒电源输入端 + 12V 正常，将电源端子拔下再插上时，抄表盒运行灯闪亮，一切恢复正常。

（3）抄表盒程序损坏，导致不能预抄表。主站发预抄时间和表地址后，终端机时钟到达预定时间后，抄表盒发射灯闪亮几下后熄灭。接收灯不闪亮，表明抄表盒没有收到计量表的回码。在确认表线连接正确后，可确定为抄表盒有问题，此种故障多发生在计量表型号是 ZMC410 或 ZMC405 的用户终端上。

（4）抄表盒最多可以抄两块 ZMC410 或 ZMC405 计量表，可以抄三块新阳或威盛表。第二批的抄表盒在抄 ZMC410 表时，如果抄表没有成功，则抄表盒程序处于死机状态。发射灯与运行灯交替闪烁，无法恢复到正常状态，只能下电进行复位。第三批抄表盒在执行预抄表时需几次下电后，才能执行，否则终端机不抄表。程序需要改进。

（5）当终端机抄两块 ZMC410 表时，需要将终端机 485 口的匹配电阻去掉，才能使抄表成功。

（6）终端机对 ZMC410 或 ZMC405 实行预抄表时，计量表显示“PR……”，表示抄表盒正在抄表。抄表成功后，大约过 5min 可恢复正常显示。

（7）10W 终端机锁频方法：根据所需频率将电台转换到相应频道，将音量旋钮开关关闭。重新打开后即可锁住频率。检查方法是：将终端机下电，重新上电后查看电台是否在设定的频道上。

（8）由于终端安装不同的电台，所以它们的固有延时时间不同，10W 终端机电台延时时间比较长。当用它作为中继终端时，主站设置的相对延时时间要比 5W 终端机短；如果将它用作被中继终端，则固定延时设为 0，中继终端延时时间要设置长一些，系统单位延时也要相应延长。

（9）由于抄表盒没有自动复位电路，所以当 485 总线有干扰时导致抄表盒程序出错。

不能正确执行抄表命令，只能利用人为下电的方式对抄表盒进行复位。抄表盒复位后可以正确执行抄表命令。

（10）某些电能表为了提高其数据传输距离和带负载能力，在485接口A输出端与电源有一个上拉电阻，所以，用万用表直流电压挡测出有约4V的电压。由于其A、B接口无匹配电阻，所以在应用时应在A、B接口两端并联一个120Ω电阻，并联电阻后再测电压为0，此时可以进行抄表。由于终端机与抄表盒485接口都闭幕式接一个120Ω电阻，所以完全可以满足计量表的需要，如果发现抄表不成功，应用万用表直流电压挡测在线电压。如果在4.5V以上，即可断定为计量表485接口坏。

3. 经验总结

在测试抄表故障时，可能要使用到负控接口检测仪，是用于检测电力负荷管理终端及电能表等电力负荷设备通信口通信功能的检测仪器。可用于对数据通信口的现场检测工作，以及集抄系统的现场维护等工作场合。

接口检测仪（如图3-26所示）的主要功能是检测负控终端RS485接口；检测负控终端脉冲输入接口；检测三相、单相全电子电能表485接口、电流环接口；检测三相、单相全电子电能表脉冲输出接口；可模拟输出国标规约的电能表主要电能数据。

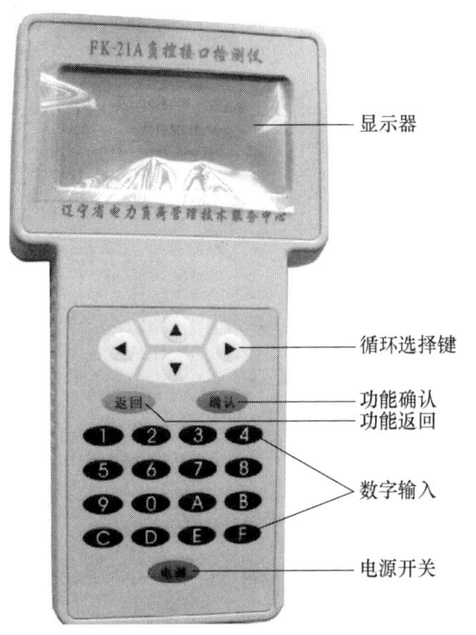

图3-26 接口检测仪

【故障3-5】交流采样误接线故障

1. 故障总体概述

端机通过外接一块交流采样表或内置一块交流采样板即可实现交流采样和防窃电功能。由于各个厂家生产的终端型号不同，与其配置的交流采集模块的结构也不一样。交流采样主要是作为防窃电的辅助设备，如果交流采样接线错误将导致防窃电功能的丧失，所以首要解决的就是误接线故障。

主台召测或在负控终端的显示屏上找到交流采样的电压、电流数据，且其值和现场实际情况相同后，在主台召测或在负控终端的显示屏上找到交流采样的功率因数数据，A、B、C三相的功率因数有一相、两相或三相的功率因数不在“大于0.9或在其附近”的范围内。

2. 原因分析

处理交流采样模块的故障方法主要执行以下标准步骤：

（1）交流采样表没有按正确的电压相序接线时，需要改正电压接线。

（2）交流采样表电流相位接反时，改正交流采样表电流接线。

（3）交流采样表电压、电流不在同一个相上时，改正交流采样表电压、电流接线。

（4）主站设置的TV、TA与现场不符时，应核实现场参数，重新下发参数到终端。

（5）交流采样485线接到抄表接口上时，应将485线改接到交流采样485接口上。

（6）主站设置参考表地址、抄表端口号、抄表波特率不正确时，应重新正确设置交流采样参数。

（7）交流采样 485 接口损坏时，应更换抄表芯片或更换交流采样模块。

3. 故障处理方法和步骤

MG2000 和 MG2000b 手持式双钳数字相位伏安表是专为现场测量电压、电流及相位而设计的一种低价位、便携手持式、双通道输入测量仪器，其外形如图 3-27 所示。用该表可以很方便地在现场测量 U-U、I-I 及 U-I 之间的相位，判别感性、容性电路及三相电压的相序，检测变压器的接线组别，测试二次回路和母差保护系统，读出差动保护各组 TA 之间的相位关系，检查电能表的接线正确与否等。采用钳形电流互感器转换方式输入被测电流，因而测量时无须断开被测线路。测量 U1-U2 之间相位时，两输入回路完全绝缘隔离，因此完全避免了可能出现的误接线造成的被测线路短路，以致烧毁测量仪表，在负控维护中用于校正交流采样模块的错误接线。

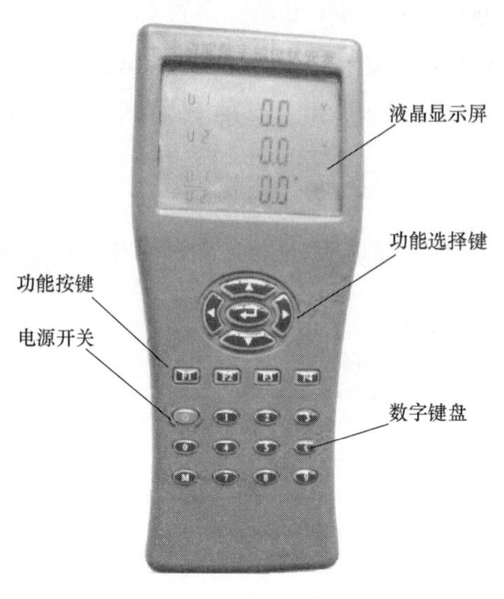

图 3-27　多功能数字相位伏安表

（1）使用方法 1：电压、电压相序测量。

1）打开仪表开关，直接进入电压测量界面。

2）将被测电路电压接入 U1 或 U2 测试输入端。此时屏幕显示被测线路电压值。

3）将被测线路电压接入仪表内，此时屏幕显示 U2 滞后 U1 的角度。如果测得的角度为 120°，此时为正相序；如果测得的角度为 240°，则为逆相序。

（2）使用方法 2：电压与电流之间的相位测量。

1）打开仪表开关，按功能选择键，选择功能菜单。

2）在仪表输入面板 I2 插孔插入标记为 I2 的电流互感器，将电流互感器钳在 A411 回路上。将 UA、UB 按次序接入仪表输入面板的 U1 和“－”端。

3）屏幕显示被测回路 I_2 滞后 U_1 的角度，如果测得的角度为 30°，则为正相位；如果测得值为 210°，则电流线出入端接反。

注：线路中的负载电流应由互感器带红色“*”一侧进入，否则极性接反时，相位测量值相差 180°，相位图谱如图 3-28 所示。

4. 经验总结

交流采样接线判断基本依据：判断交流采样接线正确与否的基本依据是负荷管理系统监测的客户大多为用电户，即交流采样模块计算出的有功功率和无功功率皆为正值（交流采样安装时没有无功过补偿现象），客户生产是消耗有功功率和无功功率。

电能测量四象限的定义：测量平面的竖轴表示电压相量 U（固定在竖轴），瞬时的电流相量用来表示当前电能的输送，并相对于电压相量 U 具有相位角 φ。顺时针方向 φ 角为正。

四象限的示意图如图 3-29 所示。

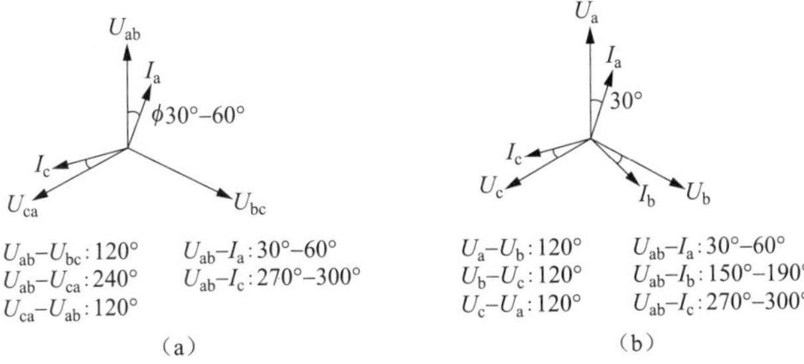

图 3-28 相位图谱

(a) 三相三线相位示意图；(b) 三相四线相位示意图

(1) 三相四线接线判断如表 3-2 所示。单相功率定义：$P_{A,B,C}=U_{A,B,C}I_{A,B,C}\cos\varphi_{A,B,C}$。

(2)三相三线接线判断如表 3-3 所示。下述判断方法以 B 相电压接线正确和单相功率因数大于 0.866 为基础。

根据“电压互感器二次侧应有一点可靠接地，以保证仪表设备和工作人员的安全”的要求，B 相电压一般是接地点，所以可以方便地确定 B 相接线正确与否。

功率定义（两表法）：$P_A=U_{AB}I_A\cos(30+\varphi_A)$、$P_C=U_{CB}I_C\cos(30-\varphi_C)$。

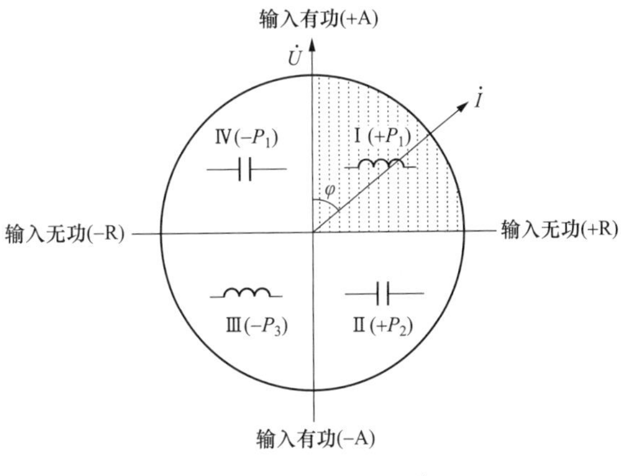

图 3-29 四象限图谱

表 3-2　　接 线 判 断

序号	功率符号	相量图	接线判断	接线改正
1	三相中：任一相 P、Q 皆为正，且每相测得的 $\cos\varphi>0.866$	U_A、I_A、I_C、U_C、I_B、U_B	正确	
2	三相中：有一相、两相和三相 P、Q 皆为负且每相测得的 $\cos\varphi>0.866$	U_A、I_C、U_C、$-I_A$、I_B、U_B (以P_A、Q_A皆为负为例)	A 相电流进出线错误或 B 相电流进出线错误或 C 相电流进出线错误	A 相电流进出线反接或 B 相电流进出线反接或 C 相电流进出线反接

续表

序号	功率符号	相量图	接线判断	接线改正
2	三相中：三相 P、Q 皆为负且每相测得的 $\cos\varphi<0.5$	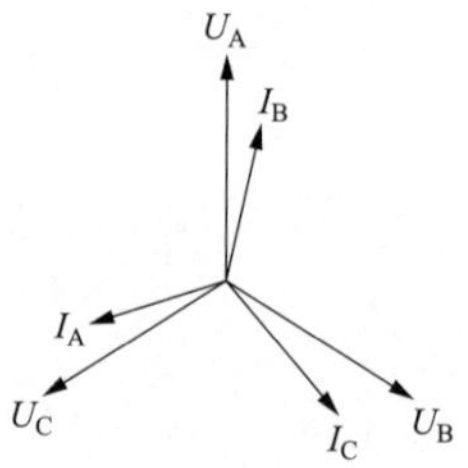	三相相序错误	三相电压相序顺时针调整，即 ABC 改为 BCA
	三相中：三相 P、Q 一相、两相为负，其他全为正且每相测得的 $\cos\varphi<0.5$	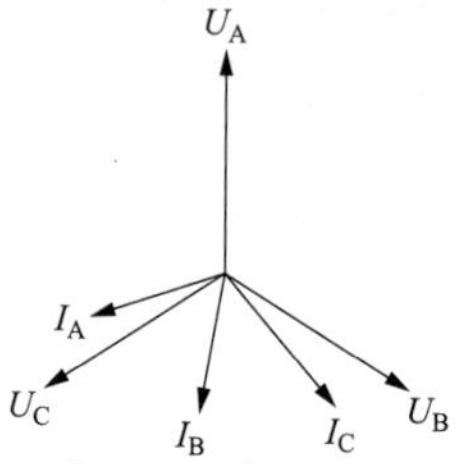 （以 B 相 P、Q 为正，A、C 相 P、Q 符号为负为例）	三相相序错误且电流接线错误	三相电压相序顺时针调整，即 ABC 改为 BCA，且 B 相电流的进出线反接
3	三相中： 一相 P（−）、Q（−）； 一相 P（−）、Q（+）； 且两相测得的 $\cos\varphi<0.866$	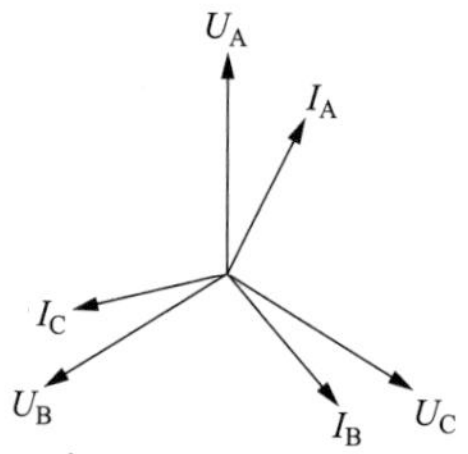 （以 B 相和 C 相为例，其中 C 相 P、Q 符号相异）	B 相、C 相接线交叉	可 B、C 相电压进线交换或 B、C 相电流进线交换
	三相中： 一相 P（−）、Q（−）； 一相 P（+）、Q（−）； 且两相测得的 $\cos\varphi<0.866$	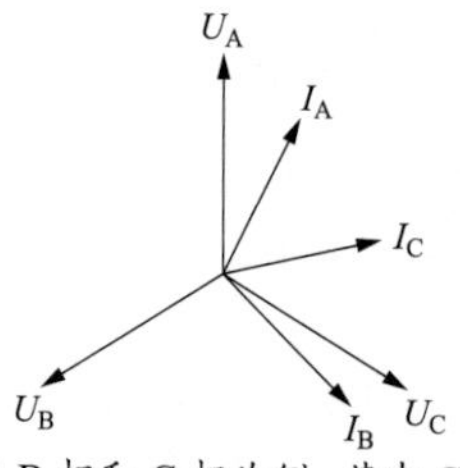 （以 B 相和 C 相为例，其中 C 相 P、Q 符号相异）	B 相、C 相接线交叉且 C 相电流进出线反接	B、C 相电压进线交换且 C 相电流进线交换
	三相中：三相 P（−）、Q（+），且每相测得的 $0.5<\cos\varphi<0.866$（一般）	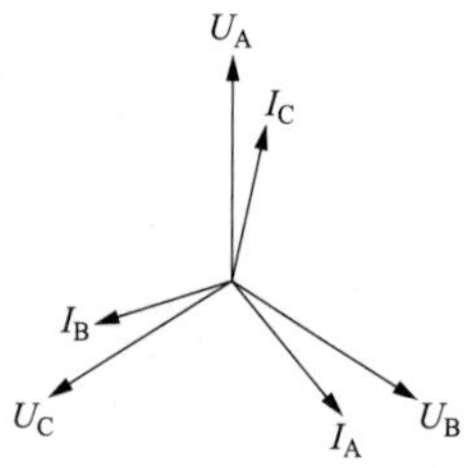	三相相序错误	三相电压相序顺时针调整，即 ABC 改为 CAB

续表

序号	功率符号	相量图	接线判断	接线改正
3	三相中：三相中一相、两相 P（−）、Q（+），其他为 P（+）、Q（−）且每相测得的 $0.5<\cos\varphi<0.866$（一般）	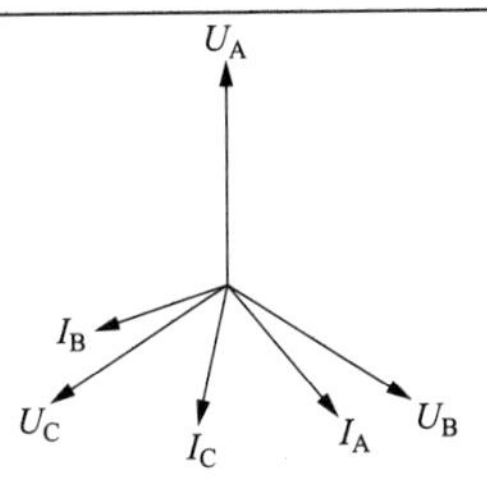 以 A、B 相 P(−)、Q(+)，C 相 P(+)、Q(−)为例	三相相序错误且电流接线错误	三相电压相序顺时针调整，即 ABC 改为 CAB，且 C 相电流的进出线反接

表 3-3　　接 线 判 断

序号	功率符号	相量图	接线判断	接线改正
1	三相中： A 相 P（+）、Q（+）； C 相 P（+）、Q（−）； 且 A 相功率因数 $0.5<\cos\varphi<0.866$； C 相功率因数 $0.866<\cos\varphi<1$	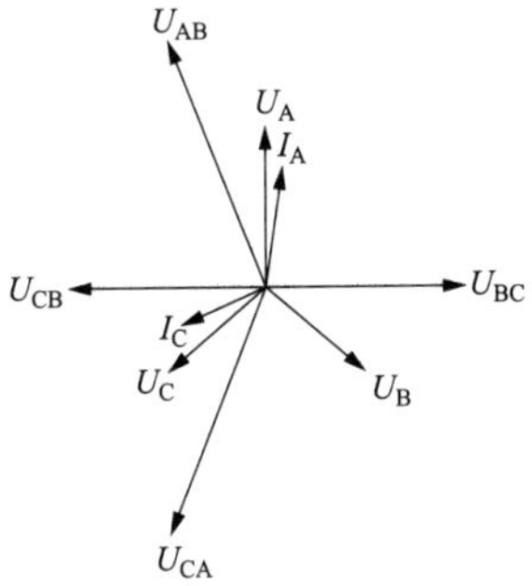	正确	
2	三相中： A 相 P（+）、Q（+）； C 相 P（−）、Q（+）； A 相 P（−）、Q（−）； C 相 P（+）、Q（−）； 且 A 相功率因数 $0.5<\cos\varphi<0.866$； C 相功率因数 $0.866<\cos\varphi<1$	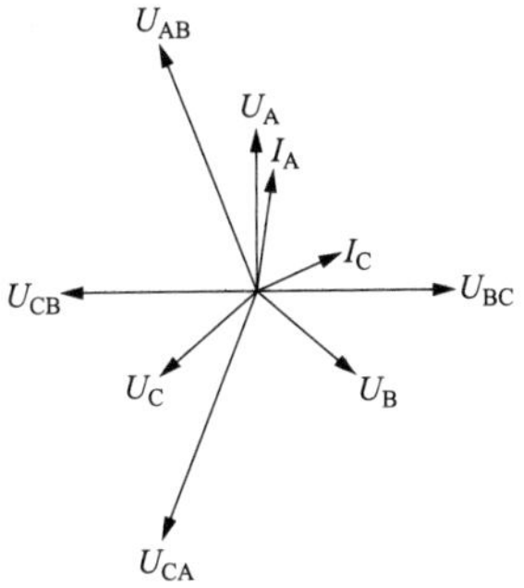 以 C 相为例	A 相电流进出线接反或 C 相电流进出线接反	A 相电流进出线互换或 C 相电流进出线互换
3	三相中： A 相 P（+）、Q（−）； C 相 P（−）、Q（+）； 且 A、C 相功率因数 $\cos\varphi<0.5$	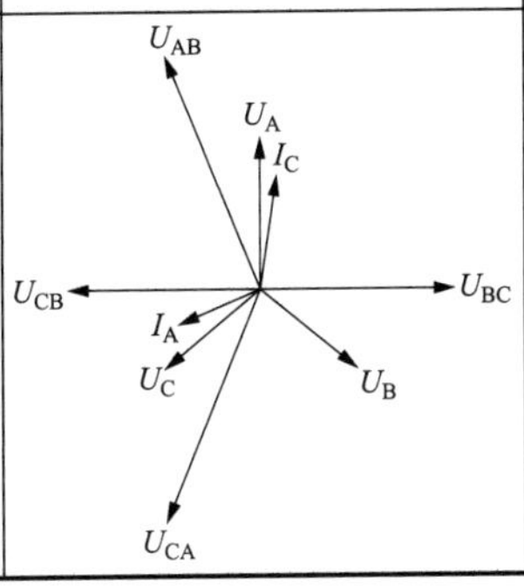	A、C 两相电流接错	A、C 两相电流交叉

续表

序号	功率符号	相量图	接线判断	接线改正
3	三相中： A相 P（−）、Q（+）； C相 P（−）、Q（+）； A相 P（+）、Q（−）； C相 P（+）、Q（−）； 且A、C相功率因数 $\cos\varphi<0.5$	U_{AB} U_A I_C I_A U_{CB} U_{BC} U_C U_B U_{CA}	A、C两相电流接错且A相电流进出线接反或C相电流进出线接反	A、C两相电流交叉且A相电流进出线互换或C相电流进出线互换
	三相中： A相 P（−）、Q（+）； C相 P（+）、Q（−）； 且A、C相功率因数 $\cos\varphi<0.5$	U_{AB} U_A I_A U_{CB} U_C U_B I_C U_{CA}	A、C两相电流接错且A、C相电流进出线接反	A、C两相电流交叉且A、C相电流进出线互换
		U_{CB} U_C I_A U_{AB} U_{BA} I_C U_A U_B U_{AC}	相序错误	A、C相电压互换

注　上述判断方法是基于两表法的测量方式，若采用三表法测量，可参考4.（1）三相四线接线判断。

3.2 低 压 集 中 器

3.2.1 定义及采集模式

比较普遍使用的是Ⅰ型集中器。Ⅰ型集中器一般以台区为单位，通过低压载波、微功率无线、RS485总线等本地通信方式采集电能表数据，并进行运行和存储，再通过GPRS、CDMA等上行信道将数据上传至主站。

（1）Ⅰ型集中器外形尺寸如图3-30所示。

（2）Ⅰ型集中器状态指示。

1）集中器本体指示灯说明。

运行灯——运行状态指示灯，红色灯常亮表示集中器主CPU正常运行，但未和主站建立连接，灯亮 1s、灭 1s 交替闪烁，表示终端正常运行且和主站建立连接。

告警灯——告警状态指示，红色灯亮 1s、灭 1s 交替闪烁表示集中器告警。

RS485Ⅰ——RS485Ⅰ通信状态指示，红灯闪烁表示模块接收数据；绿灯闪烁表示模块发送数据。

RS485Ⅱ——RS485Ⅱ通信状态指示，红灯闪烁表示模块接收数据；绿灯闪烁表示模块发送数据。

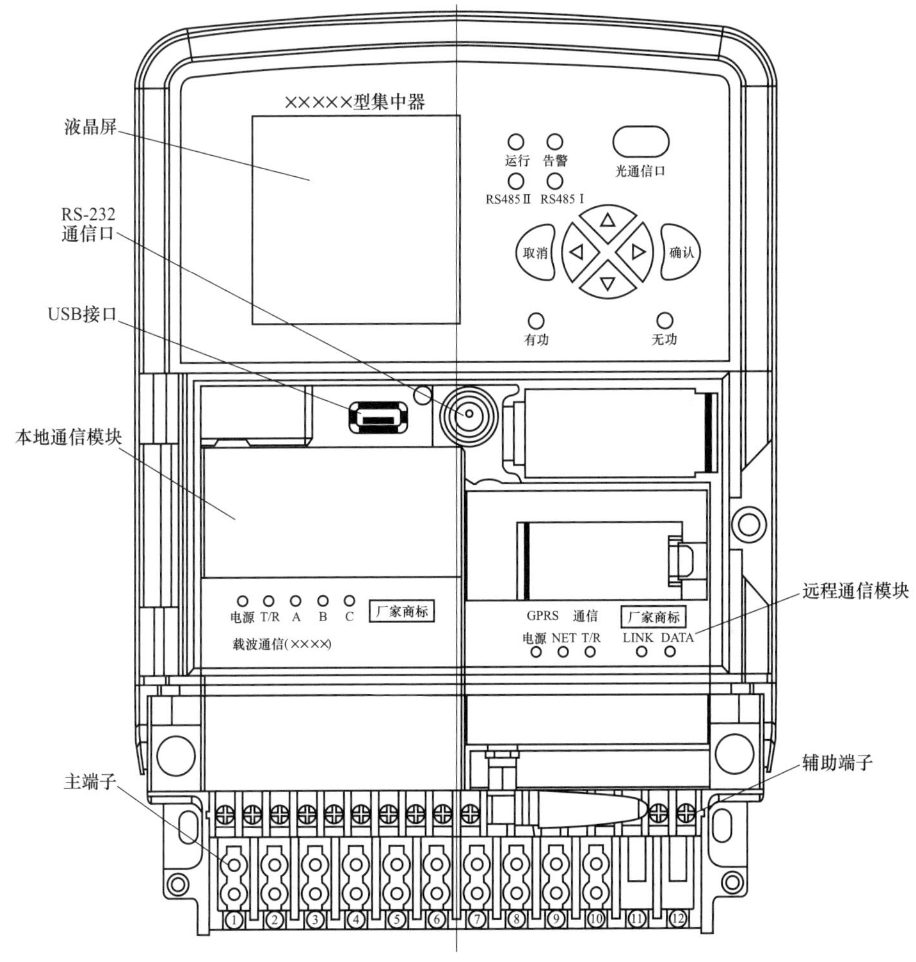

图 3-30 Ⅰ型集中器外形尺寸

2）远程无线通信模块状态指示状态指示灯如图 3-31 所示。

电源灯——模块上电指示灯，红色灯亮表示模块上电，灯灭表示模块失电。

NET 灯——通信模块与无线网络链路状态指示灯，绿色。

T/R 灯——模块数据通信指示灯，红绿双色，红灯闪烁表示模块接收数据，绿灯闪烁表示模块发送数据。

LINK 灯——以太网状态指示灯，绿色灯常亮，表示以太网口成功建立连接。

DATA 灯——以太网数据指示灯，红色灯闪烁，表示以太网口上有数据交换。

3）本地载波通信模块（路由载波模块）状态指示状态指示灯如图 3-32 所示。

电源灯——模块上电指示灯，红色灯亮表示模块上电，灯灭表示模块失电。

T/R 灯——模块数据通信指示灯，红绿双色，红灯闪烁表示模块接收数据，绿灯闪烁表示模块发送数据。

A 灯——A 相发送状态指示灯，绿色灯亮，表示模块通过该相发送数据。

B 灯——B 相发送状态指示灯，绿色灯亮，表示模块通过该相发送数据。

C 灯——C 相发送状态指示灯，绿色灯亮，表示模块通过该相发送数据。

4）本地微功率无线通信模块（GPRS/CDMA 模块）状态指示状态指示灯如图 3-33 所示。

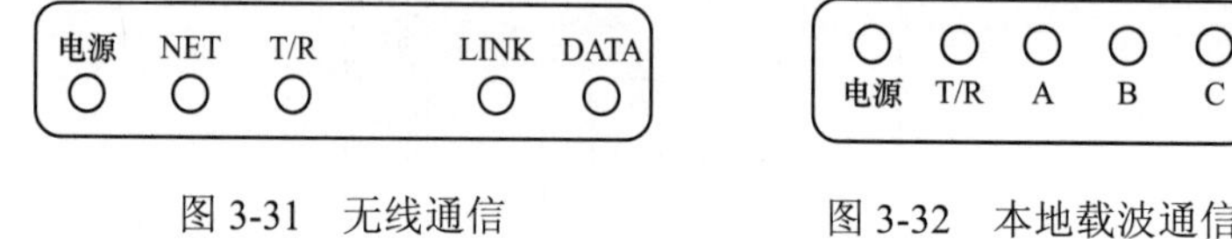

图 3-31　无线通信模块指示灯

图 3-32　本地载波通信模块指示灯

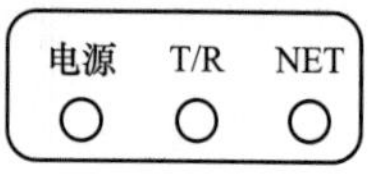

图 3-33　微功率无线通信模块指示灯

电源灯——模块上电指示灯，红色灯亮，表示模块上电，灯灭表示模块失电。

T/R 灯——模块数据通信指示灯，红绿双色，红灯闪烁表示模块接收数据，绿灯闪烁表示模块发送数据。

NET 灯——通信模块无线网络状态指示灯，绿色。

3.2.2　常见采集故障处理办法

一般将低压集中器的常见故障主要分为主站故障和现场故障。

（1）主故障包括：

1）主站参数错误导致集中器不上线。

2）电能表参数未下发或下发错误导致集中器在线不抄表。

3）时钟错误导致集中器在线有参数不抄表。

（2）现场故障包括：

1）本地设备主站连接参数设置错误导致不上线。

2）信号问题导致集中器不上线。

3）SIM 卡问题或 GPRS 模块故障导致集中器不上线。

4）设备故障导致集中器不上线或在线不抄表。

5）设备接线故障导致集中器不在线。

运维人员遇到故障时，一定要采取“先主站后现场”的工作思路保证工作效率。

3.2.3　主站常见故障查询步骤和处理

1. 查看集中器是否在线

操作步骤：运行管理—采集信道管理—运行情况监测—输入台区地址码—查询。

集中器在线情况主站查询界面如图 3-34 所示。

2. 若集中器不在线，查看集中器上行参数

操作步骤：基本应用—档案管理—集中器档案维护—参数维护。

注：以省用电采集系统为例，集中器采用以太网通信，运维人员需要在主站和集中器内设置的参数有：主站 IP 地址、端口号、接入点 APN（此参数需与通信公司制定，如移动公司、电信公司、联通公司）。

IP 地址：服务器的网络地址，通过 IP 地址可以连接、查找到对应的服务器。

端口号：同一 IP 地址的服务器可以提供多种服务，比如 Web 服务、FTP 服务、SMTP 服务等，常用端口号加 IP 地址用于区分服务器的各种服务。

接入点 APN：指一种网络接入技术，是通过手机上网时必须配置的一个参数，它决定了手机通过哪种接入方式来访问网络。

图 3-34　集中器在线情况主站查询界面

（1）GPRS 制式集中器上行参数设置：采集系统参数维护界面如图 3-35 所示。

主站 IP：192.106.0.2　　主站端口：8002　　APN：LNYDCJ.LN

（2）CDMA 制式集中器上行参数设置：采集系统参数维护界面如图 3-36 所示。

主站 IP：171.16.31.2　　主站端口：8001　　APN：LNGDCJ.VPDN.LN

除上述参数外，最重要的还是保证集中器地址码的正确性，例如某省市的行政区码为 2101 或 2121，若设置成其他地市的行政区码则无法上线。集中器的上行参数一般由供电公司提前分配。集中器投运后会根据“通信信道设置”中的主站地址，主动发送登录帧至主

站前置机，再通过主站前置机与主站进行通信，达到数据传输的效果。倘若主站 IP、主站端口、APN 错误，直接导致的故障就是集中器无法上线。

3. 若集中器在线，查看集中器电能表档案是否下发正确

操作步骤：基本应用—档案管理—集中器档案维护—参数维护—电能表。

注：在运维人员下发智能表档案前，一般需要设置智能表的通信地址、通信速率、通信规约、测量点、端口号、大类号、小类号等参数，这些参数一般由系统自动默认，但还是可能出错，所以在下发前一定要检查电能表参数的正确与否。

电能表参数错误导致的是集中器在线不抄表、抄表成功率低等故障。

集中器电能表档案下发界面如图 3-37 所示，一般三相工商业用户电能表参数设置如图 3-38 所示。

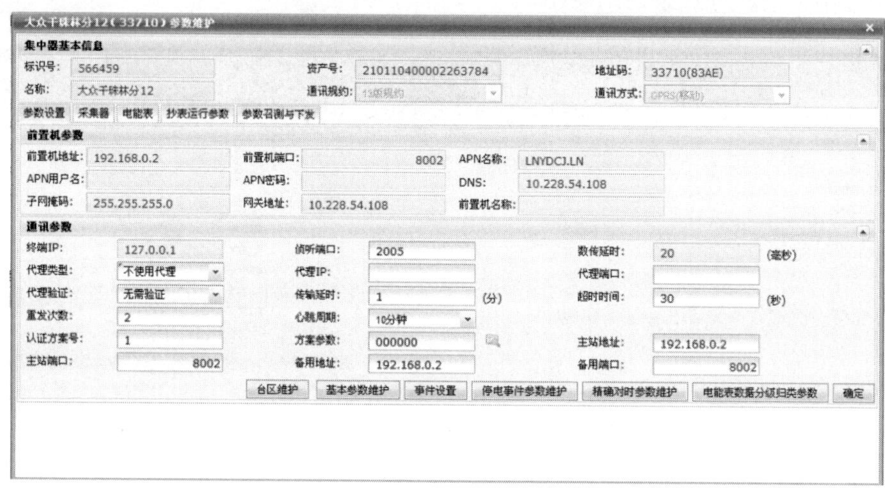

图 3-35　GPRS 制式集中器上行参数维护界面

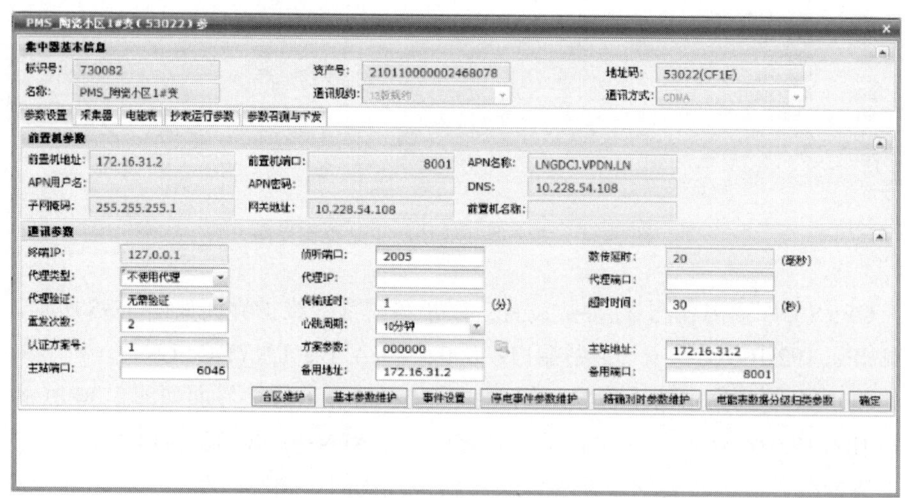

图 3-36　CDMA 制式集中器上行参数维护界面

图 3-37　集中器电能表档案下发界面

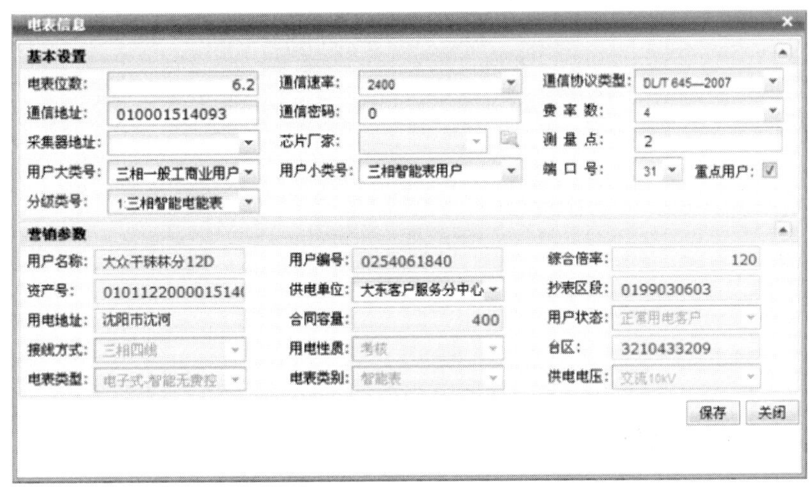

图 3-38　一般三相工商业用户电能表参数设置

4. 召测、查看集中器电能表档案是否正确

操作步骤：基本应用—档案管理—集中器档案维护—参数维护—电能表—选择召测采集系统。召测集中器电能表档案界面如图 3-39 所示。

5. 集中器在线时，召测集中器时钟是否正确

操作步骤：运行管理—时钟管理—终端对时—输入地址码—选择召测终端时钟。

召测终端时钟界面如图 3-40 所示。

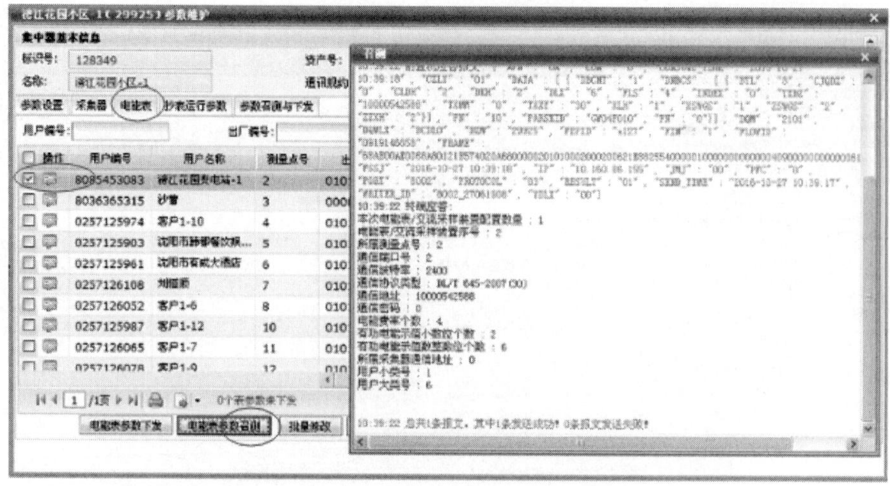

图 3-39　召测集中器电能表档案界面

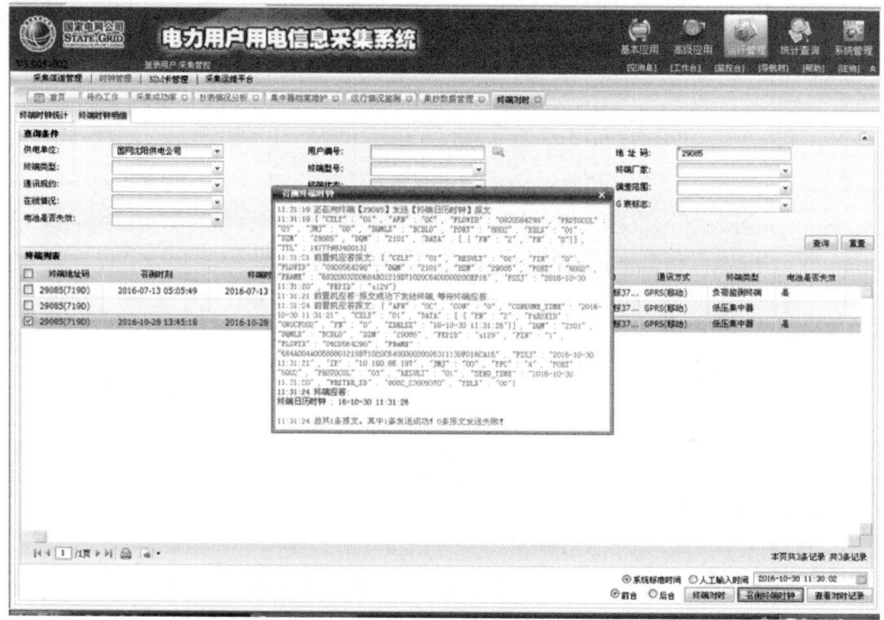

图 3-40　召测终端时钟界面

3.2.4　现场常见故障分析及处理

【故障 3-6】集中器上行通信参数错误

1. 故障描述

集中器上行通信参数设置必须与集中器实际制式一致，当参数设置错误时，集中器无法上线。现场查看集中器通信参数步骤为：点亮集中器界面—选择“参数设置与查看”—选择“通信通道设置”或“终端编号”。具体步骤界面显示如图 3-41 所示。

2. 处理办法

当发现集中器的通信参数（主站 IP 地址、端口号、接入点 APN）错误时，需及时修改，从而确保集中器在线抄表。

【故障 3-7】信号问题

1. 故障描述

Ⅰ型集中器通过 GPRS、CDMA 上行信道与主站进行数据交互，这就需要在集中器处在 GPRS 信号或 CDMA 信号覆盖的区域内，就像手机一样，需要在有信号区域内，才能打通电话与上网。集中器的信号问题会导致集中器的在线问题，例如上线不稳定或不在线。具体表现为：当集中器不在线时，主站召测集中器档案时显示终端不在线；当集中器信号不稳定时，主站召测显示集中器在线，档案超时。集中器有无信号状态对比界面如图 3-42 所示。

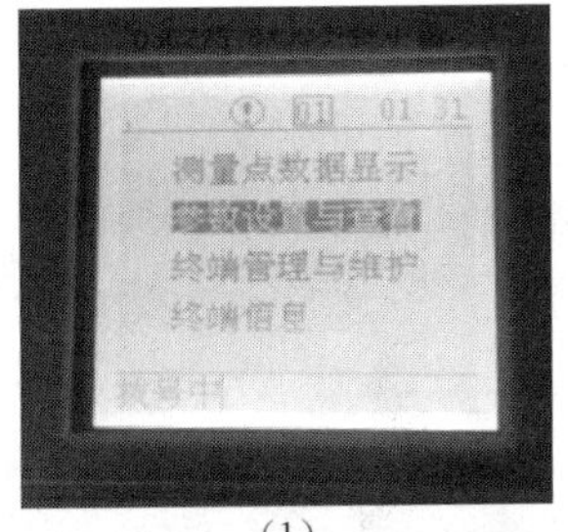

（1）

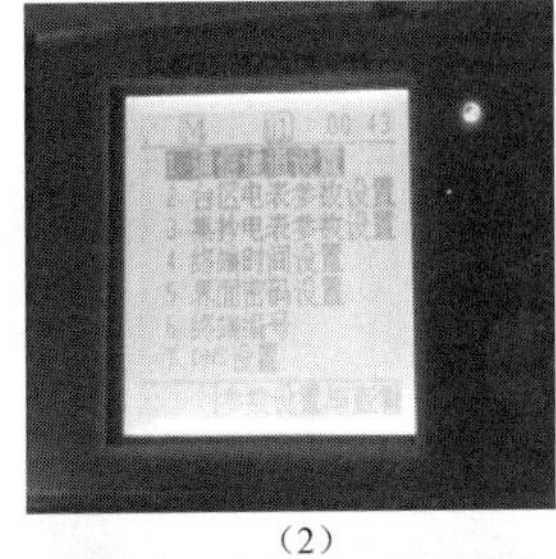

（2）

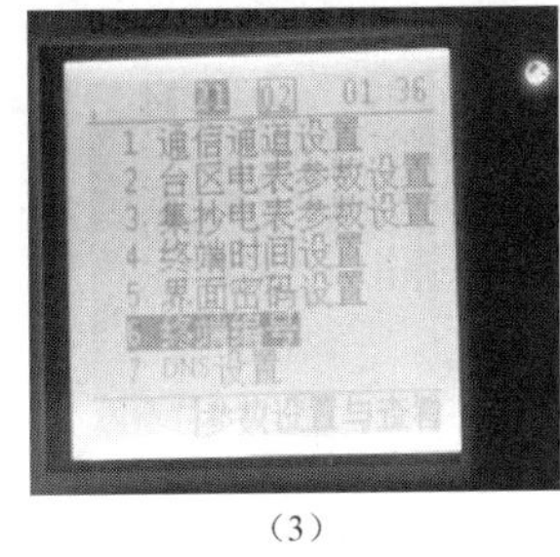

（3）

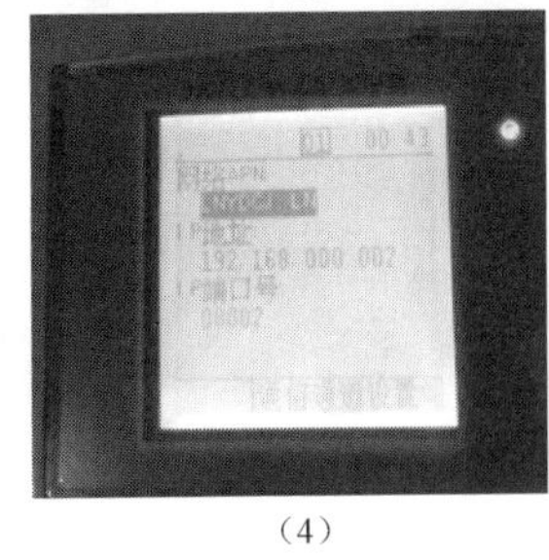

（4）

图 3-41 查看集中器通信参数设置步骤界面显示

（1）步骤 1；（2）步骤 2-1；（3）步骤 2-2；（4）集中器通信参数界面

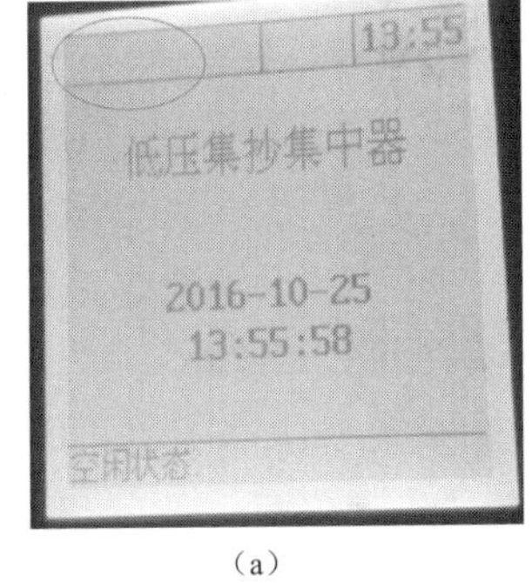

（a）

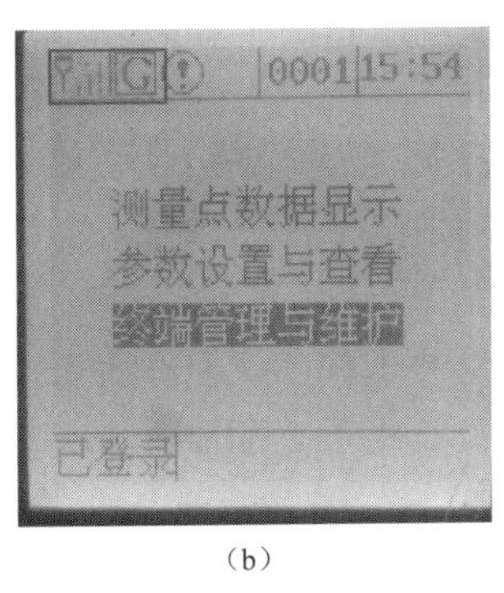

（b）

图 3-42 集中器有无信号状态对比界面

（a）集中器无信号；（b）集中器有信号

2. 原因分析

根据集中器不在线情况，分析原因大致如下：

（1）天线本身故障，例如天线断裂、接触不良，造成集中器不上线。特别是存在一些隐性故障时，如开关集中器箱体时，挤压天线线体，导致天线内部出现断裂，外观无明显断裂的情况。现场集中器天线断裂如图 3-43 所示。

（2）集中器安装位置信号较弱，造成集中器上线不稳定。

（3）集中器安装位置信号未覆盖，造成集中器无法上线。

3. 处理办法

（1）当排查出集中器天线损坏时，需第一时间更换天线。

（2）使用平板天线或八木天线放大信号增益，解决集中器上线不稳定的问题。

图 3-43　集中器天线断裂

（3）对于地下室等区域，可以使用分体式模块或 GPRS 转载波设备，解决无信号问题。

（4）对于纯粹无信号的山区，可以使用中压载波设备来解决数据采集的难题。

【故障 3-8】SIM 卡故障

1. 故障描述

（1）SIM 卡本身存在故障，SIM 卡金属部分有绝缘性胶状物，导致接触不良。

（2）移动运营商未能开通 SIM 卡相关业务，导致无法上线（通常该问题是批量出现）。

（3）SIM 欠费时，现场拨通该电话号码，回复为“您所拨打的用户已停机”；如需要更换 SIM 卡时，现场拨通该电话号码，回复为“你们所拨打的用户正在通话中”或“您所拨打的用户暂时无法接通”等。

（4）SIM 卡卡槽位置损坏，无法检测移动信号卡。

2. 处理办法

（1）处理时只需擦除胶状物即可。

（2）需要与移动商协调处理。

（3）根据拨号语音回复，判断 SIM 卡有无问题。

（4）该问题可以通过更换模块或者集中器解决。

（5）SIM 安装时，尽量断电，以防烧卡。

【故障 3-9】设备问题

1. 故障描述

集中器的正常运行，一般包括软件和硬件两部分。软件可以执行集中器的抄表命令，并能够与主站进行数据交互；而硬件是集中器软件运行的基础，良好的硬件基础才能支撑软件的正常运行。

软件故障需要集中器厂家重新检测才能找到故障原因，软件故障容易导致集中器死机、无法上线、在线不抄表、抄表不稳定等故障。

硬件故障包括集中器GPRS模块故障、路由模块故障、内部基础单元模块故障。当集中器GPRS模块故障时，集中器无法上线；当路由模块故障时，集中器抄表不稳定或不抄表，但不影响集中器在线情况；当集中器内部单元故障时，容易出现集中器死机等故障。具体硬件正常工作时状态如下：

（1）路由模块。鼎信路由模块正常抄表时 A、B、C 三相灯轮流闪烁；东软路由模块正常抄表时三相灯同时闪烁。

（2）GPRS 模块。电源灯—模块上电指示灯，红色灯亮表示模块上电，灯灭表示模块失电。

（3）T/R 灯。模块数据通信指示灯，红绿双色，红灯闪烁表示模块接收数据，绿灯闪烁表示模块发送数据。

（4）NET 灯。通信模块无线网络状态指示灯为绿色。

2. 处理办法

（1）当集中器监测出软件故障时，联系集中器厂家技术人员对集中器程序进行修改，并对集中器重新升级即可。

（2）当集中器出现GPRS模块故障或路由模块故障时，重新更换相应模块即可。

（3）当集中器出现内部单元模块故障时，重新更换集中器。

（4）若现场排查台区漏抄过程中，使用掌机抄表，如果能回数据，可能是集中器模块或者集中器故障。利用集中器自带的手动抄表功能抄表，如果抄表模块灯不亮或者迅速显示抄表失败，就可以判断是集中器或者集中器模块故障。

（5）如果集中器现场显示有数据，采集网站却没有，可以尝试集中器现场手动抄表，如果可以抄读回数据，说明集中器与主站通信有问题。

（6）集中器手动抄表迅速（1～2s）返回失败或抄表模块灯不亮，说明集中器模块故障，需更换相应模块。

【故障 3-10】集中器时钟跳变

1. 故障描述

因为集中器时钟突然跳变，导致与表计时间差异较大时，就会出现集中器在线，在主站也可以召测到表计当前电量，但主站无法统计日冻结数据的情况。

2. 处理办法

（1）如果是个别集中器出现此类问题，只需运维人员在主站重新对集中器进行对时即可；如果是集中器时钟芯片问题，就需更换集中器。

（2）如果是批量集中器出现此类情况，需立即联系该集中器厂家技术人员处理。

【故障 3-11】接线问题

1. 故障描述

（1）集中器接线因为短路、松动、虚接导致缺相时，就会引起集中器抄表成功率不稳定的情况。

（2）集中器所接零线带电时，集中器无法开机。

（3）当集中器接交流采样或作为台区考核表使用时，应注意电压、电流接线顺序，避免出现集中器内反向有功、串相等接线错误。

（4）对比历史数据，每个表箱都可能存在少量不稳定的漏抄户，集中器手动抄表（手动点抄或主站透传直抄）无法返回数据，掌机连接抄控器本地电力线载波抄表能返回数据，可能是集中器模块某一相或两相故障，也可能是集中器故障。

2. 处理办法

当排查出接线错误时，立即联系计量部门查找出故障点所在位置并进行处理。

3.2.5 案例分析

【案例 3-1】集中器档案问题导致集中器不在线故障

1. 故障描述

某台区进行了旧电能表改造，后期运维人员安装集中器后，采集系统显示从未上线。

2. 故障分析

因为是新装小区，集中器显示从未上线的原因可能是:

（1）集中器档案设置错误。

（2）设备故障。

（3）接线问题。

3. 故障处理

运维人员现场查看，集中器内档案错误。集中器为 CDMA 制式集中器，采集系统 IP 为 172.16.31.2，端口号设置 8002（实际为 8001）、APN 为 LNYDCJ.LN（实际为 YNGDCJ.VPDN.LN）。正误参数设置界面如图 3-44 所示。

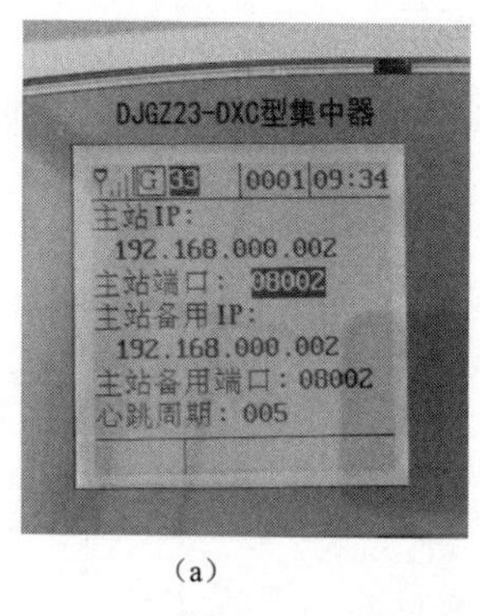

（a）

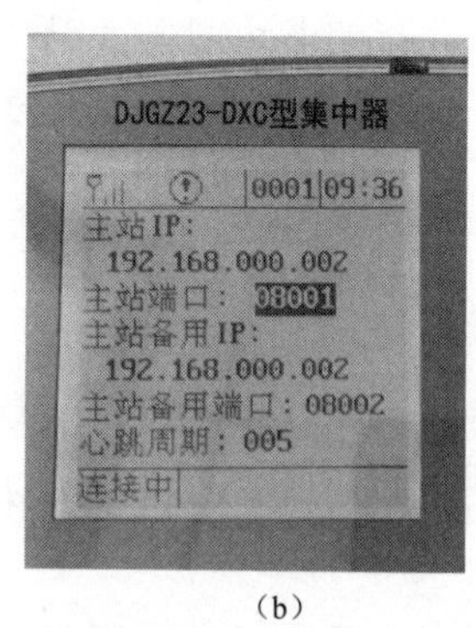

（b）

图 3-44 集中器参数设置界面

（a）现场集中器设置错误参数；（b）现场集中器设置正确参数

4. 经验总结

当新装集中器无法上线时，较大的原因可能是集中器参数设置错误，应该第一时间对集中器参数设置进行排查。

【案例 3-2】集中器升级引起端口号出现问题，导致集中器在线不抄表

1. 故障描述

某供电公司集中器突然显示集中器在线不抄表。

2. 故障分析

该集中器之前都能正常采集，突发在线不抄表情况，采集系统查看数据都正常，因此前往现场查看故障原因，原因可能有：

（1）集中器路由模块损坏。

（2）集中器硬件故障。

（3）现场出现干扰源。

（4）集中器因升级将端口号更改未能恢复。

3. 故障处理

运维人员现场查看集中器，发现集中器正常有电，集中器显示正在抄表；查看集中器内部参数以及上行、下行参数设置，发现集中器中端口号被更改为 4382，运维人员将集中器端口号更改为 8002 后，集中器正常在线并能正常抄表。

4. 经验总结

当集中器无法正常抄表时，可能是硬件设施出问题或者集中器内参数设置出现问题。在检查采集系统无任何问题后，就需要去现场排查情况，查看集中器硬件设施有无问题，当确定集中器硬件设施无问题时，就要查看集中器参数设置是否有问题。在不确定故障原因时，需要逐项排查，找出问题所在。

【案例 3-3】集中器区域码错误导致集中器无法抄回分表电量数据

1. 故障描述

某供电公司某台区出现集中器在线，但分表全部漏抄的情况。

2. 故障分析

集中器所带分表全部漏抄，可能的原因有：

（1）集中器内分表参数问题。

（2）设备故障。

（3）负荷问题。

2. 故障处理

运维人员现场查看，集中器内抄表统计显示分表已全部抄回，但是采集系统召测显示超时。最终发现是由于采集系统集中器档案维护中区域码由 2101 变成了 2121，导致采集系统补召漏抄表计超时。

3. 经验总结

集中器出现分表数据无法传回采集系统的情况时，应仔细排查现场集中器时钟以及采集系统集中器区域码是否错误。

【案例 3-4】智能表参数未下发导致用户数据采集故障

1. 故障描述

某供电公司新装台区集中器不抄表，采集系统显示集中器在线良好。

2. 故障分析

运维人员对台区智能表档案进行召测，发现智能表档案为空，怀疑内勤人员在进行集中器新装流程时，未向集中器下发智能表档案。如图 3-45 所示为召测集中器电能表参数返回结果为否认界面。

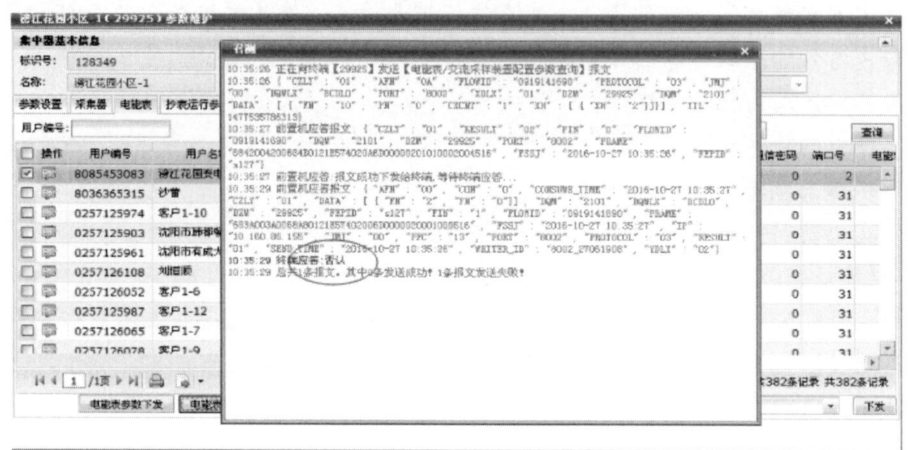

图 3-45　召测集中器电能表参数否认界面

3. 故障处理

运维人员在采集系统重新向集中器下发档案后，集中器开始抄读用户数据。如图 3-46 所示为召测集中器电能表参数返回正确结果。

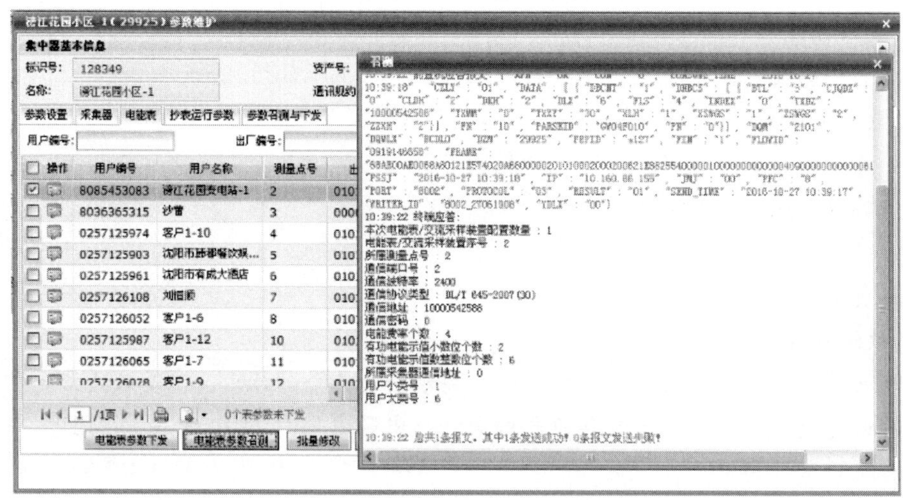

图 3-46　召测集中器电能表参数确认界面

4. 经验总结

当整个台区出现不抄表现象时，应第一时间排查集中器在线情况，当集中器在线后，立即查看智能表档案是否下发。智能表档案的有效下发才能保证集中器正常抄读用户数据，完成采集系统对用户数据的采集和监测。

【案例 3-5】集中器时钟不对导致集中器在线但无冻结数据

1. 故障描述

某供电公司某台区集中器升级维护之后，影响台区全部户表 200 余数据抄读。台区集中器一直稳定在线，且未发现过其他故障。

2. 故障分析

集中器之前稳定，现突然在线不抄表，经过运维人员对采集系统召测集中器时钟，发现集中器时钟突然跳变，导致与表计时间差异较大，采集系统召测有当前示数，无日冻结示数。可能的原因如下：

（1）如果是个别集中器出现此类问题，只需运维人员在采集系统中重新对集中器进行对时即可；如果是集中器时钟芯片问题，就需更换集中器。

（2）如果是批量集中器出现此类情况，需立即联系该集中器厂家技术人员处理。

3. 故障处理

采集系统下发集中器对时命令，纠正集中器时钟后，集中器开始冻结数据。

4. 经验总结

集中器突然出现在线不抄表问题时，不是只有集中器时钟问题，有可能现场存在路由损坏的问题，需要采集系统召测当前数据来判断现场问题。

【案例 3-6】集中器时钟问题导致当前无冻结数据

1. 故障描述

某供电公司集中器全部在线但是采集系统无冻结数据。采集系统召测不到冻结数据，但是下发召测当前数据命令，集中器有正常的电量数据反馈。这证明集中器路由工作无问题，于是召测集中器时钟，发现集中器内部时钟跳变为 0000-00-00 00：00，和采集系统当年时间相差甚远。导致集中器在抄的冻结数据不是采集系统需要的昨日数据。

2. 故障处理

采集系统重新对集中器进行对时，将集中器时钟与系统时间统一。

3. 经验总结

集中器在线采集系统无冻结数据，但能召测回来当前示数，请对集中器时钟进行召测时，检查时钟是否和系统时间一致。

【案例 3-7】手持 PDA 监测信号强度

1. 故障描述

采集系统查询某台区每日抄表成功率，集中器漏抄百分之百，采集运维人员在召测时，集中器不在线。

现场安装集中器位置为 GPRS 信号死角，集中器液晶屏左上角信号强度显示无信号，其界面如图 3-47 所示。

现场集中器上行 GPRS 信号较弱，召测集中器日冻结数据显示“终端不在线”，其界面如图 3-48 所示。

2. 故障分析

集中器安装在地下车库角落里，为 GPRS 信号传播死角。由于现场 GPRS 信号强度较弱。集中器频繁掉线。

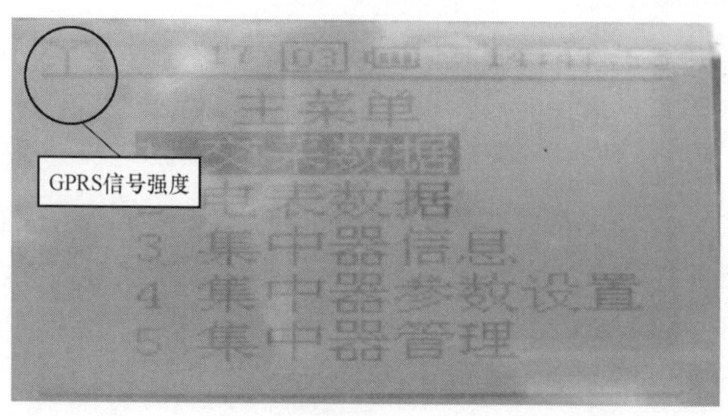

图 3-47　集中器信号现场强度

日冻结示数召测
11:50:27 正在向终端【48972】发送【日冻结正向有功电能示值（总、费率1~M）】报文
11:50:27 { "CZLY" : "01" , "AFN" : "0D" , "FLOWID" : "0891641526" , "PROTOCOL" : "03" , "JMJ" : "00" , "DQMLX" : "BCDL0" , "PORT" : "17001" , "XDLX" : "01" , "DZM" : "48972" , "DQM" : "2122" , "DATA" : [{ "FN" : "161" , "PN" : "396" , "CBRQ" : "2016-08-11"}] , "TTL" : 1470973887996}
11:50:30 前置机应答报文: { "CZLY" : "01" , "RESULT" : "04" , "FLOWID" : "0891641526" , "DQM" : "2122" , "DZM" : "48972" , "PORT" : "17001" , "FIN" : "1" , "ERR" : "01" , "DATA" : ""}
11:50:30 终端不在线
11:50:30 正在向终端【48972】发送【日冻结正向有功电能示值（总、费率1~M）】报文
11:50:30 { "CZLY" : "01" , "AFN" : "0D" , "FLOWID" : "0891641454" , "PROTOCOL" : "03" , "JMJ" : "00" , "DQMLX" : "BCDL0" , "PORT" : "17001" , "XDLX" : "01" , "DZM" : "48972" , "DQM" : "2122" , "DATA" : [{ "FN" : "161" , "PN" : "255" , "CBRQ" : "2016-08-11"}] , "TTL" : 1470973890718}
11:50:32 前置机应答报文: { "CZLY" : "01" , "RESULT" : "04" , "FLOWID" : "0891641454" , "DQM" : "2122" , "DZM" : "48972" , "PORT" : "17001" , "FIN" : "1" , "ERR" : "01" , "DATA" : ""}
11:50:32 终端不在线
11:50:32 正在向终端【48972】发送【日冻结正向有功电能示值（总、费率1~M）】报文
11:50:32 { "CZLY" : "01" , "AFN" : "0D" , "FLOWID" : "0891641565" ,

图 3-48　采集系统召测集中器不在线界面

图 3-49　天线引到地面的现场照片

3. 故障处理

（1）故障处理方法：将集中器天线移动到 GPRS 信号较强区域。

（2）故障处理步骤：

1）通过简单方法测试 SIM 卡信息检测。将集中器中的 SIM 卡拆下来，插入到手持 PDA，在工具列表中找到 SIM 卡信息的选项，检测当前 SIM 卡是否正常以及信号强弱程度，改动集中器安装位置、调整天线位置或联系移动（联通）增加相关设备。手持 PDA 通话和上网信号差，时有时无。可判断出此角落为 GPRS 信号传播死角。

2）离开地下车库门的角落后，来到地上，此小区地上手机信号满格，信号强。

3）地上测试手机信号较强，所以将集中器天线引到地上的地面，避开 GPRS 信号传输的死角，如图 3-49 所示。

（3）重启集中器。让集中器尽快搜索 GPRS 信号，集中器显示为 4 个信号格。联系采集系统运维人员，查询集中器已经在线，召测参数，通信正常。

4. 经验总结

对此类情况，可将天线移出表箱。通过信号测试，找到一个安全可靠并且信号强度较

强的位置，安置好外置天线的接收端。如果集中器安装于封闭的铁箱内，必须保证天线拉到箱外，以保证 GPRS 信号的稳定。

【案例 3-8】跨省地段集中器信号不稳定故障

1. 故障描述

有运维人员反馈在邻省边界，本省的集中器信号很弱，邻省信号很强，集中器不能登录本省采集系统。本省集中器上线及其不稳定。在集中器旁拨打 10086，听到的语音是“感谢您致电某移动”。

2. 故障处理

后来本省移动公司进行相关操作之后，集中器终端移动信号很好，并可以稳定登录本省采集系统，但是在该处使用手机拨打 10086，依然无法接通。

3. 经验总结

跨省地段集中器信号不稳定故障，可通过市级供电公司联系移动公司进行处理。

【案例 3-9】现场移动网络信道容量被占满导致集中器掉线

1. 故障描述

2016 年某供电公司管辖范围内有 4 个台区集中器经常出现频繁掉线。

2. 故障分析

由于现场为某一网络制式集中器出现的频繁上下线，可能的原因有：

（1）现场该网络制式的信号覆盖弱，导致集中器信号不稳定导致掉线。

（2）现场移动网络信道数不够用，导致集中器被挤下线。

3. 故障处理

运维人员现场查看，经过手机测试，现场信号强度正常。和运营商沟通后，运营商表示由于该小区地理位置比较偏僻，且该小区为刚建成的回迁楼，近期业主大量入住，当时建信号塔时，没有预测到该基站会出现如此集中的大量用户，导致大量用户入住小区后网络信道不够用。现已规划新建基站，但完工周期较长，之后将现场频繁掉线的集中器换为另一种运营商网络制式的集中器，稳定上线。

4. 经验总结

由于现场情况的复杂，特别是偏远农网，往往有些台区所在的位置信号较弱，此时要根据现场两种网络制式的信号强弱选择用哪一种网络制式集中器，会一定程度上避免由于信号问题导致的掉线。

【案例 3-10】集中器缺相导致用户用电数据漏抄

1. 故障描述

某小区属于城市聚集小区，其小区内 1 号变压器集中器带有 1200 余户负荷。2015 年 7 月，采集系统显示该集中器突然漏抄 400 余户，核实采集系统后，未发现问题。

2. 故障分析

采集系统对漏抄表计参数召测，集中器显示参数正确，未发现参数丢失现象。根据对漏抄表计分析，发现漏抄户均是同一表箱共同漏抄。

3. 初步判断

（1）集中器接线出现故障。

（2）1 号台区与 2 号台区存在档案互串的现象。

4. 故障处理

现场运维人员到现场后，对集中器端子进行验电测试，结果显示 B 相没有电压。通过联系计量部门处理后，台区抄表恢复正常。

5. 经验总结

当采集系统对漏抄表计参数召测，集中器显示参数正确，在未发现参数丢失的情况下，若漏抄户均是同一表箱共同漏抄，则可以考虑是集中器缺相导致的。

【案例 3-11】现场集中器接线异常导致抄读异常

1. 故障描述

某供电公司管辖的某台区在进行旧电能表改造后，采集档案建立后，出现大面积漏抄。

2. 故障分析

此台区下表计刚建立采集档案就出现抄读异常，可能的原因有：

（1）采集系统表计档案未下完全。

（2）现场负荷存在问题。

（3）现场存在干扰。

3. 故障处理

经分析，参数正常，因此前往现场进行处理。经核实，所带负荷正常，经过测试，现场集中器端零线虚接，导致电压异常。之后重新接线后，抄读恢复正常。

4. 经验总结

出现异常抄读时，要对集中器的接线进行查看，若出现接线问题，会影响抄读，比如零线虚接；同样接线异常也会导致子表的正常抄读，比如零线断裂引起的表计零线端子带电。正常接线后，故障便可恢复。

【案例 3-12】集中器电源零线问题导致集中器运行故障

1. 故障描述

某集中器屏幕不断闪烁、GPRS 模块灯不断闪烁。

2. 故障分析

集中器屏幕不断闪烁通常存在的问题为：

（1）零线由于虚接等问题导致带电，集中器会出现该情况。

（2）集中器损坏。

3. 故障处理

使用试电笔测试零线带电，此时判断为故障 a，将零线接地之后集中器恢复正常，并联系计量部门查找零线故障点。

4. 经验总结

如在现场发现集中器存在屏幕与 GPRS 灯同时闪烁的情况，可先使用试电笔测量集中器电源带电情况，如零线带电可以将零线进行接地处理，并联系计量部门查找零线故障点；如零线不带电应为集中器故障，可通过更换集中器解决故障。

【案例 3-13】集中器电源线问题

1. 故障描述

某台区在旧电能表改造过程中，重新将考核表外移后安装集中器。但是现场三台集中器一台无法启动，一台屏幕闪烁不断重启，一台集中器正常启动但是抄不到表的数据。对集中器电源线电压进行检查，发现集中器的电源线均有各自的问题。

（1）A、B、C 三相电源超压失限，导致集中器无法启动或者可以正常启动但是抄不到表计。

（2）集中器零线带电，导致集中器正常启动但是抄不到表计。

（3）集中器零线虚接甚至未接，导致集中器不断重启或者无法启动。

2. 故障处理

将此事汇报给供电公司后，供电公司联系施工队检查集中器电源线源头并重新接线。

3. 经验总结

现场工作常用试电笔对集中器电源线电压进行检查，主要是检测 A、B、C 三相电源电压是否在正常范围内和零线是否带电这两个问题。

【案例 3-14】集中器电源缺相或电压不足导致抄表采集故障

1. 故障描述

某台区共有用户 93 户，自 8 月 17 号起只能采集回 30 余户，在采集系统中查看集中器参数、档案，均设置正常。

2. 故障分析

采集系统对漏抄表计参数召测，集中器显示参数正确，未发现参数丢失现象。排除采集系统问题后，需现场排查。初步判断可能的原因有：

（1）集中器接线问题，相电压不足。

（2）生产部门更改变压器负荷导致串台区。

3. 故障处理

运维人员到现场后，查看用户表计正常，用验电笔检测集中器接线端子电压时，发现 A 相电压正常（227V），B、C 相电压为 70 ~ 90V。联系供电公司，由施工队对集中器线路进行核实处理。处理完成后，集中器数据采集恢复正常。

4. 经验总结

当采集系统对漏抄表计参数召测，集中器显示参数正确，未发现参数丢失现象的情况下，根据漏抄表计为部分漏抄，排除集中器、路由故障。初步判断为集中器线路问题。

【案例 3-15】天线人为损坏

1. 故障描述

某台区是独立台区，集中器安装在台区变压器下计量箱内，台区 3 台集中器一直稳定上线。2015 年 6 月 13 日，台区集中器掉线 10h 以上，现场运维人员先在采集系统核对档案后，发现采集系统档案设置正确。

2. 故障分析

运维人员核实采集系统参数正确，集中器继续掉线，故可以判断集中器可能出现的故障有：

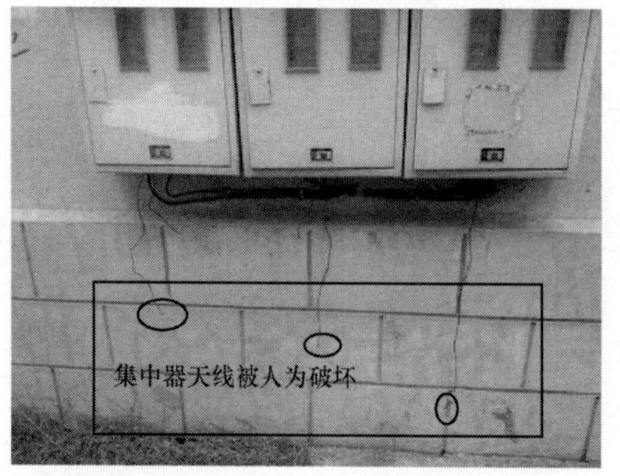

图 3-50　天线被人为破坏的现场照片

（1）天线损坏。

（2）SIM 卡故障。

（3）设备问题。

（4）集中器通信参数错误。

3. 故障处理

现场检查发现集中器的天线被人剪断，现场照片如图 3-50 所示，现场重新更换天线后集中器上线。

4. 经验总结

由于天线底座有磁铁，容易被儿童破坏拿走，所以集中器天线一般要安装到表箱内，金属头由表箱天线预留孔伸出，锁好表箱。遇到移动信号不良等特殊情况，要把天线安装到儿童接触不到的地方。

【案例 3-16】箱体挤压天线导致天线损坏

1. 故障描述

某台区是独立台区，集中器安装在台区变压器下计量箱内，台区集中器一直稳定上线。2015 年 9 月 2 日，台区集中器掉线 5h 以上，现场运维人员先在采集系统核对档案后，发现采集系统档案设置正确。

2. 故障分析

运维人员核实采集系统参数正确，集中器继续掉线，故可以判断集中器可能出现的故障为：

（1）天线损坏。

（2）SIM 卡故障。

（3）设备问题。

3. 故障处理

运维人员现场处理，未发现明显异常，尝试更换天线后，集中器上线。后仔细排查，发现天线长期被箱体挤压，虽然外观未显示断裂，但怀疑天线内线已出现故障，如图 3-51 所示。

4. 经验总结

（1）现场经常遇到天线损坏情况，如天线折断、天线被剪短、现场无天线等。同时也会存在隐形天线故障，如开、关集中器箱体时，挤压天线线体，导致天线内部出现断裂，外观无明显断裂痕迹，或者天线与模块连接处松动，未拧紧螺丝扣，导致信号接触不良，信号不稳定，因此天线连接必须牢固，尤其是金属杆与底座、天线与集中器的连接。现场排查集中器不上线情况需要提前备好天线。方便现场排查天线故障。

（2）注意观察集中器上线过程，“打开串口”—“检测通信模块”—“检测 SIM 卡”—

“网络注册”—“获取信号”—“读取通信模块型号”—“设置 APN”—“检测 GPRS 网络”—“开始拨号”—“LCP 链路协商”—“PPP 验证”—“正在连接服务器”—“发送登录报文”—“终端登录成功”。在现场排查过程中，通过观察集中器上线过程中出现的异常情况，也可以判断出集中器不上线的原因。

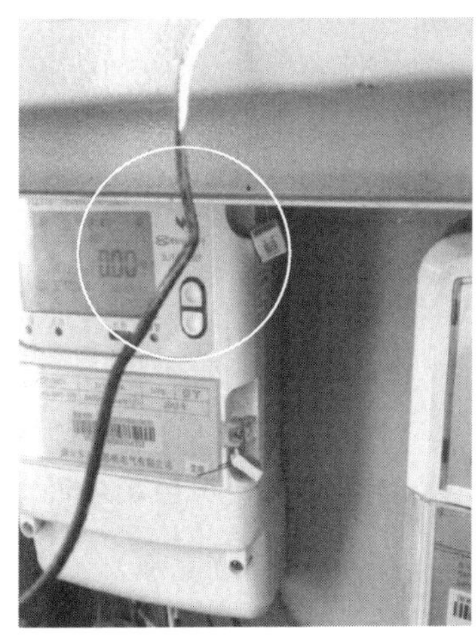

图 3-51 现场天线被箱体挤压

【案例 3-17】集中器 GPRS 模块问题导致集中器不在线故障

1. 故障描述

某供电公司 1 台集中器突然显示集中器不在线，导致不能正常抄读数据。

2. 故障分析

这个集中器之前都能一直传回数据，某一天早上出现掉线情况，采集系统查看数据都正常，因此前往现场查看故障原因可能有：

（1）集中器路由模块损坏。

（2）集中器 GPRS 模块出现故障。

（3）集中器 SIM 卡失效。

（4）集中器天线损坏。

（5）集中器端无电。

3. 故障处理

运维人员现场查看，集中器正常有电，但是集中器下端显示“PPP 拨号失败”，查看集中器内部参数以及上行、下行都无任何错误，更换 SIM 卡同样显示“PPP 拨号失败”，还有可能的原因就是 GPRS 模块出现故障，更换 GPRS 模块后集中器正常上线，并且能正常抄读并上传数据。

4. 经验总结

当集中器无法上线时，无非就是硬件设施出问题或者集中器内参数出现问题，在采集系统查看无任何问题后，就需要排查现场情况，确定集中器参数无问题就剩下硬件设施问题，在不确定故障时就需要逐项排查，找出问题所在。

【案例 3-18】集中器路由故障导致用户用电数据漏抄

1. 故障描述

某供电公司台区带有负荷 18 户，2015 年 10 月份全部漏抄，从采集系统中查看无参数设置问题，应用采集系统数据集抄功能召测集中器状态，发现集中器未抄表。

2. 故障分析

表计全部漏抄，且无参数问题，采集系统召测集中器不抄表，一般判定为路由故障或集中器故障。

3. 故障处理

运维人员前往现场查看集中器情况，发现路由指示灯常亮，判定为路由故障，更换路由后集中器开始抄表，18 户全部抄回，且抄读稳定。

4. 经验总结

台区表计全部漏抄，且无参数设置问题，一般判定为路由问题或是集中器问题。

【案例 3-19】SIM 卡欠费导致集中器无法上线

1. 故障描述

2015 年 7 月 25 日，某供电公司台区集中器掉线 3h，影响台区 200 余户表计数据抄读。台区集中器一直稳定在线，且未发现过其他故障。

2. 故障分析

运维人员核对档案后，未发现档案错误，然后通过采集系统记录的 SIM 卡号码向 SIM 卡拨打电话，电话通知 SIM 卡欠费停机。故判断 SIM 卡欠费应该是导致集中器不在线的主要原因。

3. 故障处理

运维人员前往现场对集中器更换 SIM 卡后，集中器上线，故障得到处理。

4. 经验总结

集中器内 SIM 卡与我们平常使用的手机卡一样，在出现集中器掉线的情况时，通常可以尝试去拨打集中器内 SIM 卡号码，帮助我们准确找出问题所在。

【案例 3-20】SIM 卡未开通业务导致大量集中器不上线

1. 故障描述

某供电公司进行了旧电能表改造，运维人员新装 40 余台集中器全部离线，现场查看集中器信号满格，但集中器在登录采集系统时出现身份验证失败，无法与采集系统连接，从而导致大部分集中器无法上线，之后得知这些集中器的 SIM 卡均为统一号段。

2. 故障分析

因为是新装集中器且出现大部分不上线情况，可以大致判断为 SIM 卡出现问题。

3. 故障处理

与运营商沟通，分析得知该批 SIM 卡未开通相关业务，而后由运维人员对这些集中器的 SIM 卡进行更换，集中器全部可以登录采集系统。

4. 经验总结

大批集中器不上线，一般可以判定为 SIM 卡故障。

【案例 3-21】集中器软件程序问题导致集中器无法上线

1. 故障描述

某台区集中器掉线，前往现场发现参数变更，修改参数后仍无法上线，信号正常，集中器提示无法登录采集系统，更换 SIM 卡后仍无法登录采集系统。

2. 故障分析

集中器自身参数变更通常的原因有：

（1）人为因素。采集系统升级集中器程序失败，造成端口无法切回或程序乱码。

（2）自然因素。集中器本身故障，通常表现为集中器重启后参数恢复出厂设置。

（3）集中器本身故障导致。需查看集中器软件版本后联系集中器厂家询问该版本是否为当前最新运行版本，如不是需进行现场升级。

3. 故障处理

联系集中器厂家确认该集中器版本为错误版本，系采集系统升级失败造成，取得最新版本程序进行现场升级后成功上线。

4. 经验总结

对于现场集中器出现参数变更的情况需确定该情况发生的原因，是人为对其升级造成的还是集中器自身故障使参数变更的。由升级失败导致参数变更无法上线可通过修改参数或现场升级处理，集中器自身故障导致重新启动后参数恢复出厂设置，可以通过修改参数应急处理或通过更换集中器解决。

【案例 3-22】使用平板天线解决集中器登录信号弱的问题

1. 故障描述

某台区处在地上箱式变压器内，现场箱体外信号良好，但关上箱式变压器门后，集中器显示信号 1～2 格。台区集中器经常上线不稳定，导致该台区用户数据无法有效采集，影响了某市公司采集成功率指标。

2. 故障分析

集中器上线不稳定是由于箱体本身引起的阻碍，使信号衰竭严重。解决此类问题有两种办法，一是联系移动公司，增加信号发射装置，使此位置处于信号良好的区域内，但此办法增加了移动公司成本，难度较大；二是提高集中器信号接收能力，放大信号增益。

3. 故障处理

运维人员在综合考虑现场情况后，决定安装平板天线（如图 3-52 所示）代替传统针式天线，如图 3-53 所示为平板天线安装示意图，加装了平板天线后，集中器信号增加至 4 格，集中器信号弱的问题得到了有效解决。

4. 经验总结

由于台区集中器安装环境复杂多样，难免出现集中器信号不好的情况。当集中器出现上线不稳定的现象时，运维人员需根据现场情况，考虑采取安装平板天线替代传统针式天线的方式来解决。

图 3-52　平板天线

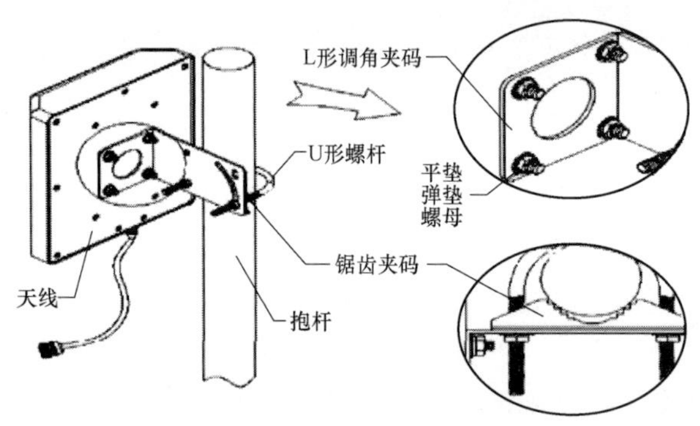

图 3-53　平板天线安装示意图

【案例 3-23】使用八木天线增强集中器接收信号能力

1. 故障描述

某供电公司在处理集中器不上线时，发现台区现场信号较差，现场信号最多一格。集中器上线不稳定，且集中器一旦掉线就很难再上线。台区属于偏远山区地带，周围环境复杂，一定信号衰减严重。

2. 故障分析

因为台区属于偏远山区地带，周围环境复杂，一定信号衰减严重，故需要进一步增大天线接收增益，从而确保集中器稳定上线。

3. 故障处理

根据上述问题原因和考虑现场情况，决定采用安装八木天线的方式来解决，八木天线安装如图 3-54 所示。

（1）八木天线安装要点：

1）天线水平安装。

2）天线的方向指向移动基站。

（2）判断天线方向已指向移动基站的方法：水平转动八木天线，然后从集中器上左上角查看信号强度。信号强度会随着方向的改变而变化。取集中器上信号强度最强的时候八木天线的方向。

4. 处理结果

安装八木天线后，集中器稳定上线。

图 3-54　八木天线安装现场

5. 经验总结

八木天线的安装难度中等，适用于山区、偏远农村等信号弱的地区，安装时需要水平安装，有方向性，对于有信号但信号弱的变台及山区、农村信号增益较强。

【案例 3-24】使用八木天线增益信号强度

1. 故障描述

某台区箱式变压器位于两栋高层建筑之间，高层三面环山，箱式变压器内集中器挂于箱体上，集中器一格信号勉强上线，但与采集系统一直通信超时，导致台区表计档案无法下发到集中器中，该台区 127 块表计全部漏抄，影响采集成功率。

2. 故障分析

集中器所处地势位置移动信号差，达不到稳定通信的要求。

3. 故障处理

集中器可以搜索到信号，但是信号不强，可以想办法增益移动信号的强度，通过安装八木天线的方法解决这一问题。找准天线对向方位，使集中器达到了两格到三格信号稳定在线和通信，表计档案成功下发，漏抄表计数据采回。

4. 经验总结

在普遍信号强度较弱的地区和移动信号交叉地区可以考虑安装八木天线，增益信号强度和单一指向性，使设备稳定上线和通信。

【案例 3-25】箱体屏蔽信号导致集中器上下不稳定

1. 故障描述

某台区集中器处于院内小区地上箱式变压器，低压侧门敞开时，现场信号良好（判断依据为将现场不同天线拉至箱式变压器外，集中器上线，并且信号强度显示 4 格），一旦关闭铁门，集中器就会掉线并且集中器显示信号强度为 1 格，影响了集中器数据的传输。

2. 故障分析

我们知道金属物体对于信号具有一定的屏蔽效果，而地表箱式变压器低压侧门多为金属门，对变压器室内的集中器信号造成了一定的屏蔽效果，使得集中器无法稳定在线。

3. 故障处理

现场调试人员决定通过安装增益天线的方法来解决集中器无法稳定在线的问题。在安装平板天线后，集中器信号强度显示为 4 格，集中器稳定上线。

4. 经验总结

对于此类情况，一般用如下方法：

（1）将箱式变压器内的天线牵引至箱式变压器外侧，确保天线的接收端位于一个信号良好区域，从而保证集中器稳定上线，但这样天线外移在遇到特殊天气（大风、暴雨等）会容易出现天线折断、损坏等情况，一般不建议这样处理。

（2）对集中器安装增益天线，加强天线的接收信号能力，一般的传统针式天线相比于平板天线或者八木天线接收信号能力有限。

【案例 3-26】分体式设备解决短距离无信号问题

1. 故障描述

某小区 10 台变压器全部安装在地下停车场的配电室中，由于地下室远离地面造成地下室没有移动信号，进而造成 10 个台区的集中器无法正常与采集系统进行通信，其考核表无法智能抄表。

2. 故障分析

小区地下室面积较大，移动信号已经覆盖较大范围，但是对于箱式变压器位置，移动信号经过多层墙体后衰减严重。使用传统针式天线甚至平板天线均无法使集中器稳定上线。

3. 故障处理

根据上述故障分析后，决定安装集中器分体式设备替代传统天线来解决该小区集中器上线难的问题。集中器分体式模块分为主模块、从模块两部分，主模块安装在采集终端侧占用原 GPRS 模块的位置并通过光耦与集中器隔离处理，避免受到外界干扰影响；从模块安装在信号较好处，主、从模块之间通过网线进行信息交互（8 芯 T586B 网络直通线）。

（1）分体式设备的安装方法：将主模块安装在集中器上，占用原来的 GPRS 模块位置；从模块安装在信号较好处（可通过随身携带的手机网络来判定信号好坏，一般安装在信号显示 3～4 格处），从模块因安装在开阔的地方，避免安装在排水道、排烟口等位置。主、从模块通过标准的 RJ45 接口进行连接，正确的安装顺序是先将网线与从模块的 RJ45 接口进行连接，最后再将网线与主模块的 RJ45 接口进行连接，分体式模块系统连接如图 3-55 所示。操作过程，最好在断电状态下进行。

（2）网线接线方法：连接主、从模块的网线应采用 T586B 的标准进行制作。网线颜色顺序的排法：白橙、橙、白绿、蓝、白蓝、绿、白棕、棕，如图 3-56 所示。

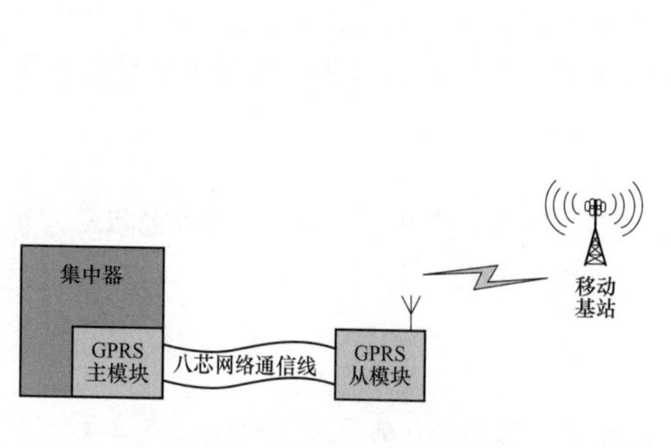

图 3-55　分体式模块系统连接图

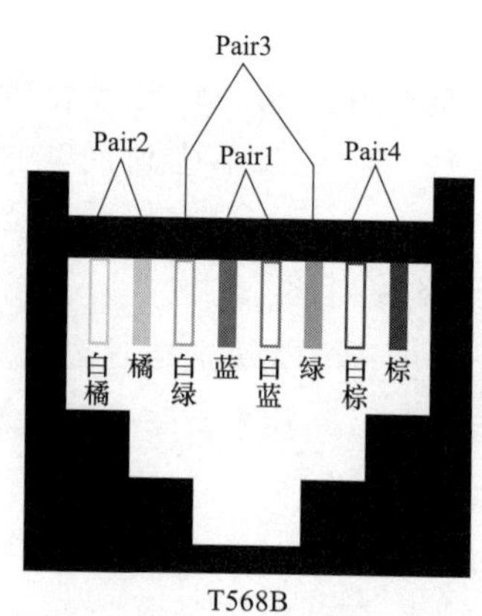

图 3-56　网线颜色顺序

在安装分体式设备后，小区 10 台集中器稳定上线，问题得到解决，分体式模块安装效果如图 3-57 所示。

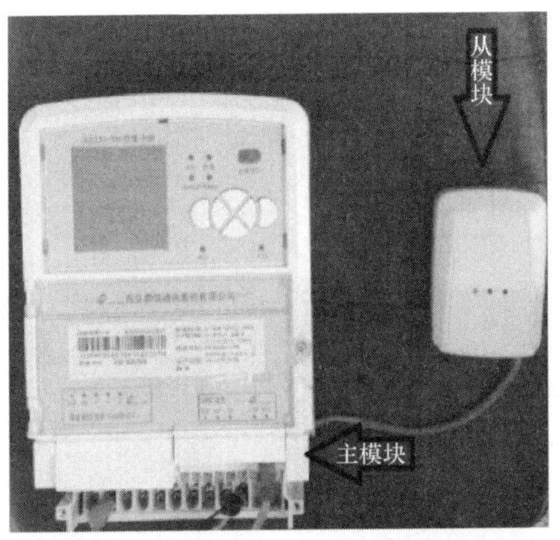

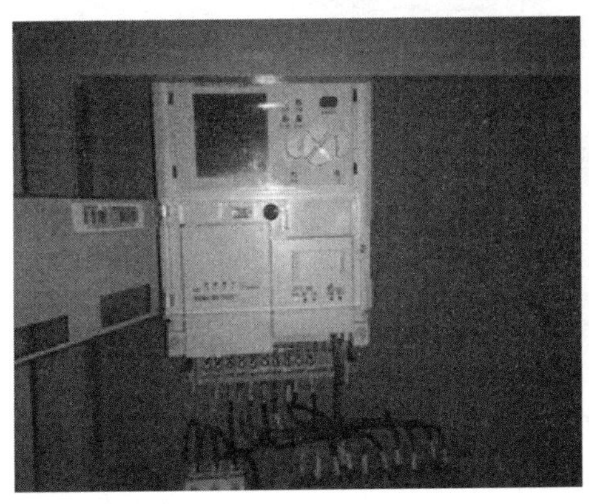

图 3-57 分体式模块安装效果

4. 经验总结

分体式设备试用环境一般是地下室彻底无信号区域，安装难度较为复杂，需要布置网线至有信号区域。其优势是可将地下室彻底无信号区域通过网线延伸至移动信号良好的区域，解决地下室无信号集中器上线难的问题。

【案例 3-27】使用载波转 GPRS 模块解决无信号问题

1. 故障描述

某台区变压器位于变电亭内，台区集中器也安装在变电亭内，变电亭位于高层地下室2 层。变电亭内信号极差，导致集中器无法上线，台区表计全部漏抄。采集系统数据如表3-4 所示。

表 3-4 台区采集系统数据统计

终端地址码	终端名称	终端厂家	芯片厂家	电能表总数	漏抄	漏抄率
55104（D740）	三八亭（只供一个高层）S	江苏林洋电子股份有限公司	鼎信	201	201	100%

2. 故障分析

台区表计漏抄是集中器安装位置无信号导致的。集中器安装在变电亭内，处于地下 2 层，距离地面距离较远，布线复杂，不适合使用分体式设备。根据对现场位置的勘察，决定使用载波转 GPRS 设备来解决。载波转 GPRS 设备分为主模块、从模块两部分。其中从模块安装在集中器处，主模块安装在有信号的地方，二者通过低压电力线完成数据交互。

3. 故障处理

现场运维人员选择在集中器旁加装从模块，从模块安装在楼上电能表箱处，电源取自电能表箱内，如图 3-58 所示。

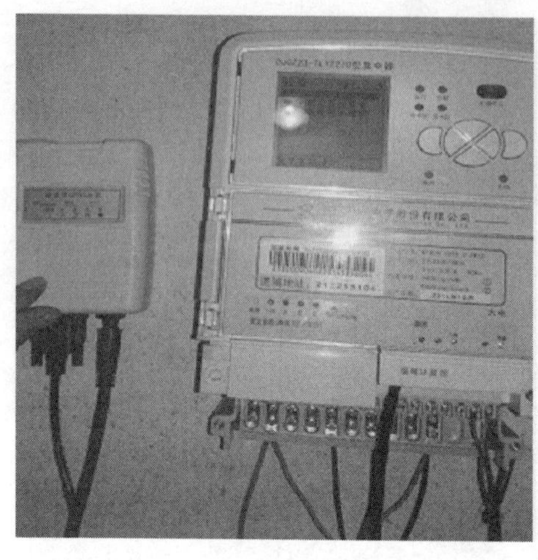

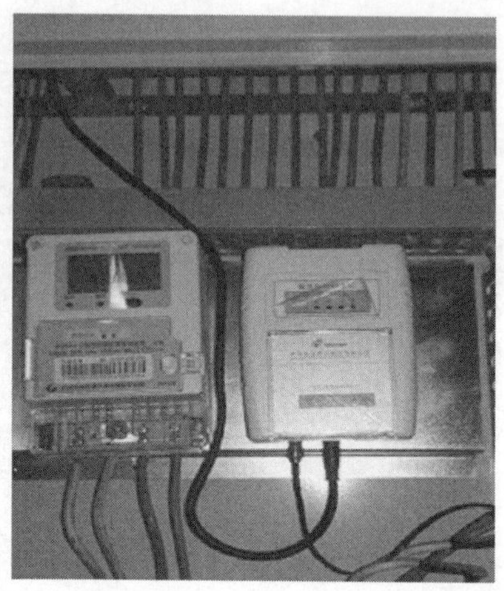

图 3-58 载波转 GPRS 模块安装效果图

安装 GPRS 转载波设备后，集中器上显示 4 格信号，稳定在线，集中器与采集系统之间的通信正常，台区表计数据抄回，无漏抄。

4. 经验总结

对于一些无信号区域，距有信号区域较远，布线复杂的情况下，可以考虑选用安装载波转 GPRS 设备来解决集中器不上线问题。

【案例 3-28】中压载波解决长距离无信号问题

1. 故障描述

某地区山区较多，经济落后，移动公司 GPRS 信号覆盖发展缓慢。经详细统计，偏远山区无 GPRS 信号的台区共计 180 个。现场试用八木天线、平板天线等高增益天线无法解决问题。前期经与运营商多次协商，运营商暂无在偏远山区进行信号覆盖的规划。

2. 处理办法

经综合考虑现实条件，采用 10kV 中压载波通信方案来解决偏远山区无 GPRS 信号的台区集中器无法上线的故障。

中压载波通信技术应用主要分为主节点和从节点两个部分。主节点处设备包括：载波数字通信机（主）、载波通信管理机、耦合设备；从节点处设备包括：载波数字通信机（从）、低压集中器、耦合设备。

中压载波通信技术利用高压 10kV 电力线作为信号载波传输信道，将一个有信号处的台区作为主节点，将一个或多个无信号处的台区（最多 10 个）作为从节点。从节点终端采集数据利用 10kV 电力线传输至主节点，然后主节点终端再利用 GPRS 无线网络将数据上传至采集系统，系统结构如图 3-59 所示。

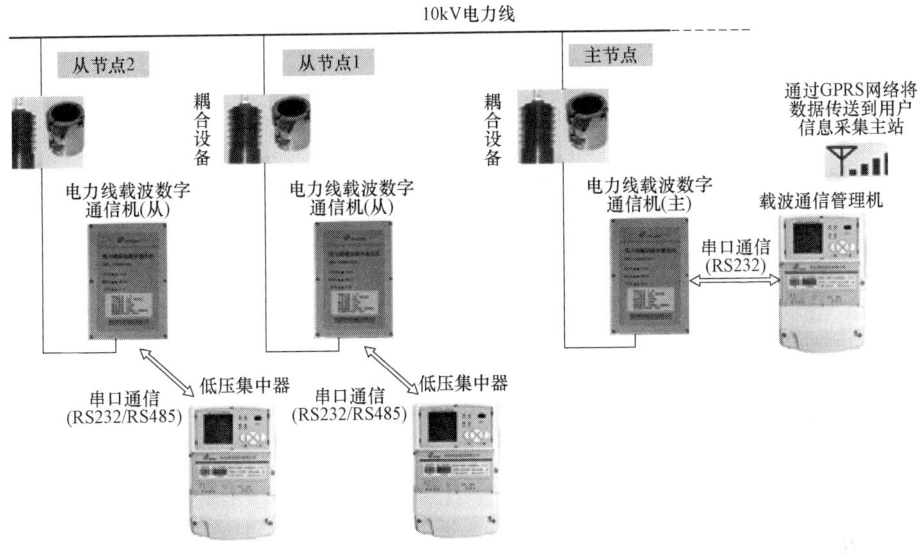

图 3-59　中压载波系统结构图

（1）载波管理机如图 3-60 所示。

安装位置：有 GPRS 信号的台区变压器 3 处。

接口形式：上行接 GPRS 模块，下行通过串口接主载波机。

工作原理：接收来自采集系统的下行数据，以及将上行数据发送到采集系统，并对整个载波通信系统进行管理和调度。

（2）主载波机如图 3-61 所示。

安装位置：安装在有 GPRS 信号的台区变压器处。

接口形式：上行通过串口接载波管理机，下行通过耦器接中压配电线。

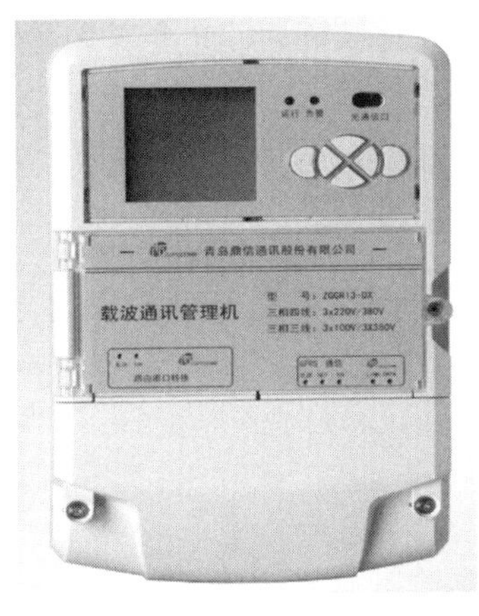

图 3-60　载波管理机

图 3-61　主（从）载波机

工作原理：将来自载波管理机的数据转换为载波信号并发送到电力线上，以及将来自电力线的载波信号转换为数据并发送给载波管理机。

（3）从载波机如图 3-61 所示。

安装位置：安装在无 GPRS 信号的台区变压器处。

接口形式：上行通过耦合器接中压配电线，下行通过串口接终端设备。

工作原理：将来自电力线的载波信号转换为数据发送给相连的终端，以及将来自终端的数据转换为载波信号发送到电力线上。

图 3-62　一体化电容耦合器

（4）一体化电容耦合器如图 3-62 所示。

安装位置：适用于 10kV 架空线。

接口形式：高压端通过高压绝缘导线接 10kV 架空线，低压端通过高频载波信号线接载波机。

工作原理：隔离工频高压，并实现载波信号的传输。

2 月 25 日在某供电所安装中压载波设备。中压载波从设备安装在无信号的台区，主设备安装在有信号的小区，主、从设备距离 2km。

3 月 1 日在某供电分公司安装中压载波设备。中压载波从设备安装在无信号的某村 1 组台区，主设备安装在某村二组台区，主、从设备距离大概在 5km。

中压载波设备安装情况：从安装效果上看，中压载波设备运行状态良好，集中器一直稳定在线，有效解决了这两个地区无 GPRS 信号导致集中器无法上线问题。

3. 经验总结

中压载波通信属于有线专网通信，受外界干扰较小，更没有拥堵的问题。在传输距离上，光纤通信和无线通信虽传输距离较远，但容易受到传输路径或环境地形的影响。而中压载波通信则不受传输路径和环境地形的影响，无论在什么地方，只要有配电线抵达即可实现通信。在通信速率上，中压载波通信的速率适中，但是对于集中器与采集系统间的数据传输，中压载波通信的通信速率能够胜任。因此，综合来看，采用中压载波机来实现集中器与采集系统间的数据传输，是最经济、最实用的选择。

3.3 采　集　器

3.3.1 采集器定义及采集模式

采集器是用于采集多个智能电能表电能信息，并可与集中器交换数据的设备。根据功能不同，可将采集器分为基本型采集器和简易型采集器。采集器工作原理如图 3-63 所示。

图 3-63 采集器工作原理

采集器按外形结构和输入/输出（I/O）配置分为Ⅰ型和Ⅱ型采集器，其结构如图 3-64 所示。

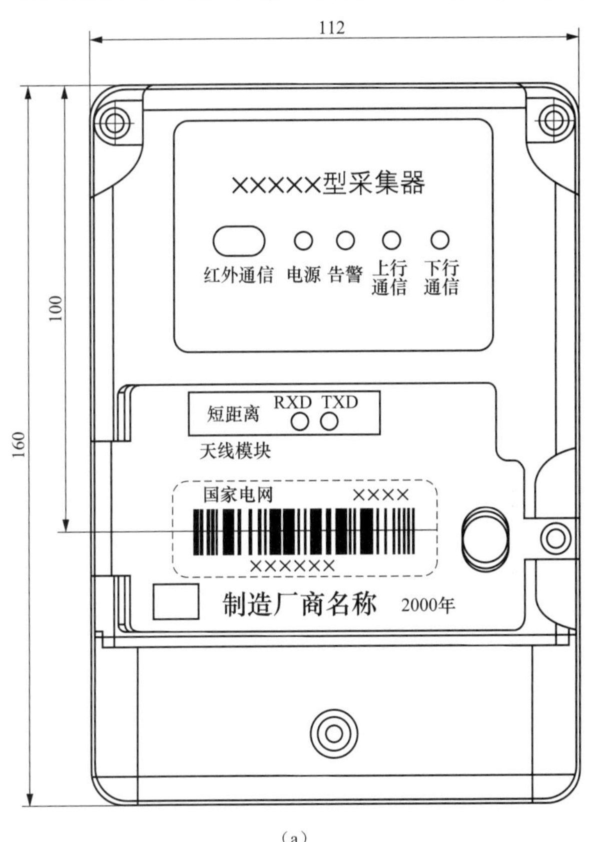

（a）

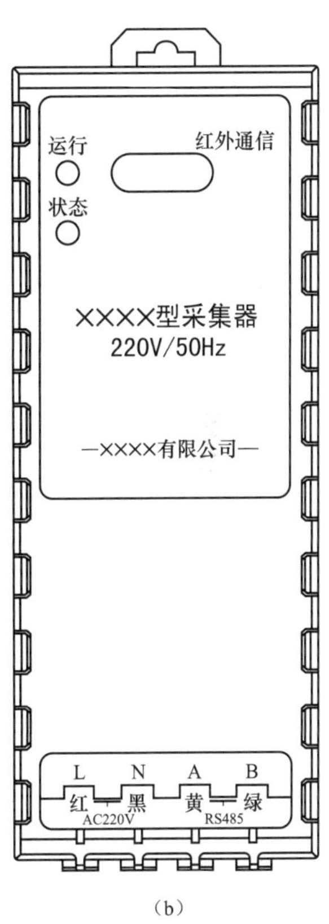

（b）

图 3-64 采集器结构示意图

（a）Ⅰ型采集器；（b）Ⅱ型采集器

（1）Ⅰ型采集器指示灯如图 3-65 所示。

1）RXD：有数据通过载波接收时灯亮。

2）TXD：有数据通过载波发送时灯亮。

3）电源灯：上电指示灯，绿色。采集器上电时灯闪烁，失电时灯灭。

4）告警灯：告警指示灯，红色。

5）上行通信灯：上行通信状态指示灯，红绿双色灯。红色闪烁表示采集器上行通道接收数据，绿色闪烁表示采集器上行通道发送数据。

6）下行通信灯：下行通信状态指示灯，红绿双色灯。红色闪烁表示采集器下行通道接收数据，绿色闪烁表示采集器下行通道发送数据。

（2）Ⅱ型采集器信号灯如图 3-66 所示。

图 3-65　I 型采集器指示灯　　　图 3-66　II 型采集器信号灯定义图

1）红外通信：红外通信口，用于采集器参数的读设和数据的读取，1200bps/偶校验/8 位数据位/1 位停止位。

2）运行：红色 LED 指示，0.5Hz 频率闪烁，表示采集器正在运行，常灭表示未上电。

3）状态：红绿双色灯，红灯闪烁，表示 485 数据正在通信；绿灯闪烁，表示载波数据正在通信。

3.3.2　采集器常见故障

【故障 3-12】电能表故障，导致采集器不能采集电能表数据

在正常情况下，电能表出现黑屏或乱码，证明电能表出现故障，因此采集器采不上数据是正常的。对此类故障处理也较简单，只要进行换表即可。

【故障 3-13】采集器参数设置错误

此类故障发生的概率最高，主要有以下两种：

（1）采集器上设置的电能表地址与实际电能表地址不一致。出现此现象，会有两种结果①根本采集不上数据；②采集到别的电能表数据。

这种故障出现以后，不好被发现。因此，在新安装采集器时，一定要将采集器采上的数据与电能表数据进行核对，出现采集错误电能表数据的情况就会大大降低。

处理方法：将采集器上设置的地址与电能表一一对应。

（2）采集器上设置的电能表通信协议与实际不符。在采集器上设置通信协议时，一定要将电能表通信协议看清楚再设。否则，通信协议设错，采集器就不能采集电能表数据。另外，在轮换电能表时，往往是轮换为同一类型的电能表，因此在轮换完后，就会忘记修改采集器参数，造成部分电能表数据采不上。即使同一类型的电能表可能通信协议也不一样，因此在轮换完电能表后，一定要看清楚电能表的通信协议，再去修改采集器的通信协议参数。

处理方法：将采集器上设置的通信协议与电能表一一对应。

【故障 3-14】电能表串口死锁

此类故障较难判断。在排除了电能表及采集器故障的前提下，如果采集器仍然采不上电能表数据，就要怀疑可能是电能表 485 串口死锁。

处理方法：找一短接线，将电能表 485 串口的正、负极短接 5s 左右，重新将电能表 485 口激活。

【故障 3-15】电能表串口烧坏

在经过了故障三的处理后，如果采集器仍然采不上电能表数据，就要怀疑可能是电能

表485串口烧坏。目前的电能表都是双485串口，可以换一个串口试一试，如果换一个串口能够采上数据，证明原串口已经烧坏。

处理方法：换串口或换电能表。

【故障3-16】远抄数据线的问题

此类故障主要有以下几种：

（1）远抄数据线接触不良。由于每个电能表485串口都是串接，在换表后，由于电能表尺寸长短不一致，会造成远抄数据线不够长，此时在强行拉拽下，会将前一电能表远抄数据线拉松，从而导致接触不良。

处理方法：在远抄数据线不够长的情况下，重新接一根线，不要勉强拉拽远抄数据线。

（2）远抄数据线发生断线。由于远抄数据线较细，在强行拉拽下，容易发生断线。另外，由于远抄数据线在屏与屏之间连接时，通过电缆沟，因此其他检修单位在敷设新电缆或拆除旧电缆时，容易挂住远抄数据线，从而将远抄数据线拉断。此时表现为，在断线点之前的电能表数据能够采集上，而断线点之后的电能表数据全部采集不上。

处理方法：在找到断点后，重新将远抄数据线解上。

【故障3-17】远抄数据线正、负极接反

处理办法：只要将远抄数据线正、负极接对即可。

【故障3-18】采集器问题

由于采集器的限制，每一485串口最多只能接入16块电能表，因此在接入多于16块电能表的情况下，就会发生部分电能表数据采集不上的现象。这在新安装采集器时一般不会发生，但在变电站新增线路时，由于方便，可能在一串口上接入超过16块的电能表。

另外需要注意的是：根据实际工作经验，如果变电站电能表的通信协议都是国标645规约，由于国标645规约本身就是点对点传输，速度较慢，每一串口接入的电能表最好不要超过10块，否则也会发生部分电能表数据采集不上的问题。这一问题常发生在轮换表后。表面上接入的电能表并没有超过16块，而且换表前采集数据正常，但换表后，就是有部分电能表数据采集不上。通过分析发现，换表前大部分表采用威胜规约，由于威胜规约采用打包传输，速度较快，因此采集数据不成问题。但换表后，由于电能表都是采用国标645规约，传输速度慢，在多于10块电能表的情况下就可能出现部分电能表数据采集不上的问题。

其次，采集器在运行过程中也会发生死机现象，主要表现为采集器对拨入的电话或网络请求不响应，此时只要将采集器重新复位即可。

3.3.3 采集器应用案例分析

采集适用于具备485端口的电能表通过集中器实现远程抄表，由于底端通信层采用的是全载波技术方案，采集器一般应用于集中器上移时台区考核表的远程抄表。

1. 现场安装方式

（1）采集器的电源线和零线（图 3-67 采集器下方红线和黑线）与电能表电压线和零线连接。

（2）采集器 485 线（图 3-67 采集器下方黄线和绿线）与电能表 485 端口连接。

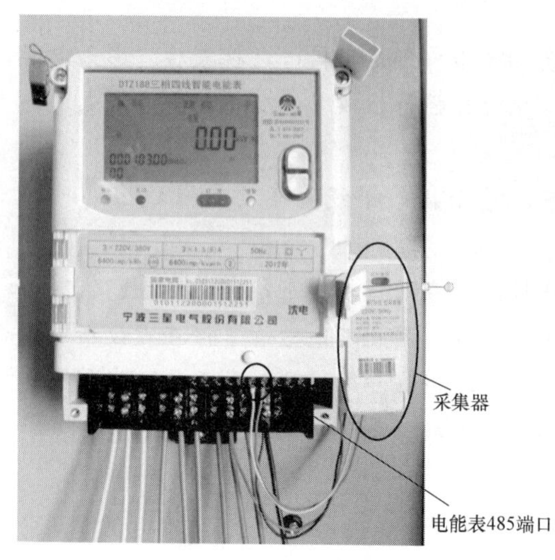

图 3-67　电能表 485 接口

（3）电能表 485 端口选择方式同“电能表与集中器安装位置相邻”一致。

2. 主站参数设置

（1）建档流程同低压智能表建档流程一致。

（2）采集系统中参数设置内容如下：

1）通信协议类型：DL/T　645—2007《多功能电能表通信协议》（18 位表号的国网智能电能表选择 DL/T　645—2007 规约）。

2）通信速率：默认 1200（个别特殊电能表需要尝试其他速率如 600、2400、9600 等，18 位表号的国网智能电能表选择 2400）。

3）端口号：31。

4）测量点：2。

5）用户大类号：居民用户 E 类。

6）用户小类号：三相智能表用户（个别特殊电能表需要尝试其他类型用户大类号和小类号组合）。

3.4　GPRS 表

3.4.1　GPRS 表定义及采集模式

GPRS 表在外形上与普通的带远程通信模块的三相智能电能表基本一致。其通信模块并非载波模块或微功率无线模块，而是 GPRS 通信模块，GPRS 表本身可以通过 GPRS 模块与主站进行通信。主站可以直接通过 GPRS 公网对表计进行数据采集、监控及控制，是一种集计量功能、采集功能于一身的一种终端类型。

GPRS 表（简称 G 表）。G 表是一种同时具有计量装置功能和采集终端功能的一种新型电能表。其可以通过 GPRS 信号向主站上传表计自身的计量数据，也可以接收主站的参数及命令实现远程合、跳闸操作。

在各省 GPRS 表一般应用于 100kVA 以下专变用户、临时电专变用户、关口考核以及通过采集系统建立配变终端采集档案实现公变台区考核计量点数据采集。

3.4.2　GPRS 表在采集系统中的应用

GPRS 表用在专变时，其档案管理、数据管理、远程控制与专变终端的主站使用方法基本一致。而 GPRS 表作为配变终端用在台区考核表时，档案管理和数据管理稍有不同，在采集系统中有配变档案管理及配变数据管理与之相对应。

一、终端档案维护——GPRS 表档案查询与维护

在采集系统当中，终端档案维护中的 G 表档案是已录入采集系统的全部 G 表信息，可以从采集系统中的“终端档案维护”，选择 G 表标示“是”，和其他一些确定范围的参数来查询，例如：用户号、台区编码、终端地址等，终端档案维护界面如图 3-68 所示。

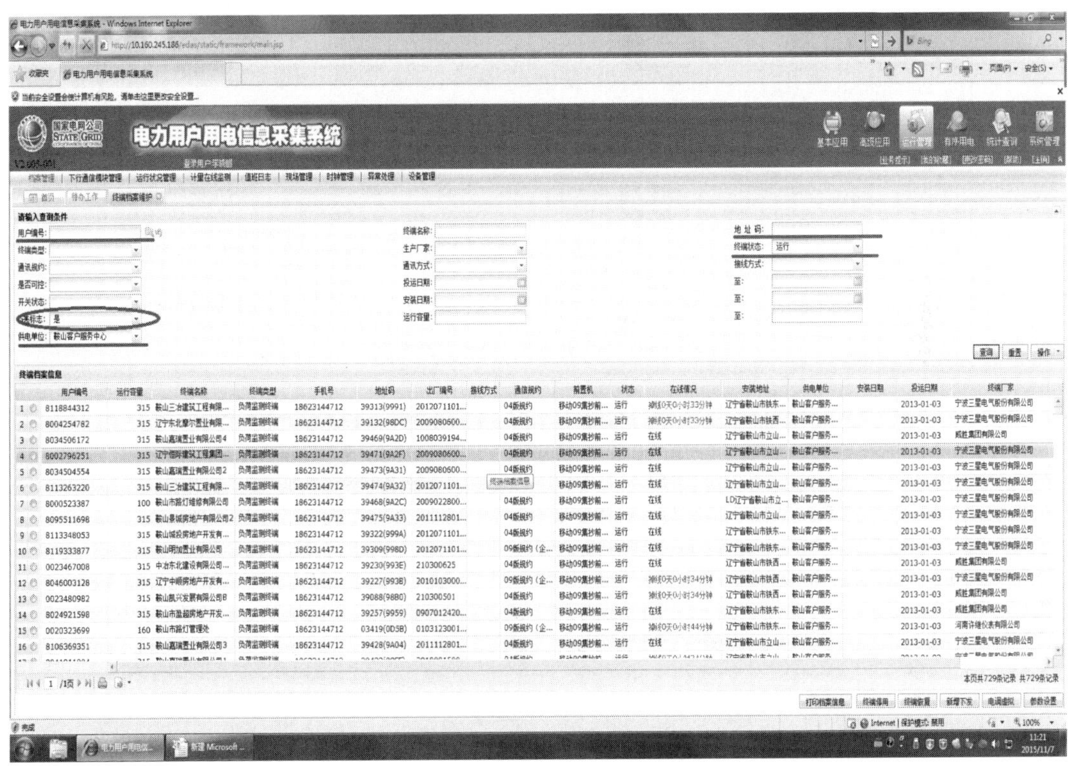

图 3-68　终端档案维护界面

在终端档案维护中，GPRS 表一般有如下特点：

（1）终端状态分为运行、停运、拆除三种状态。

（2）通信规约分为 04、09、13 三种版本。

（3）前置机只有一种“移动 09 集抄前置机”，通过“参数设置”可以修改 GPRS 表档案参数。

（4）地区编码、资产编码、终端地址必须与实际 GPRS 表相对应。

（5）通信方式必须选择“GPRS（移动）”。

（6）通信规约需按实际 GPRS 表规约类型进行选择。

具体参数设置如图 3-69 所示。

通信参数中主站 IP、端口、APN，必须与移动公司指定来设定。省 IP：192.168.0.2；端口：8002；APN：LNYDCJ.LN。设置界面如图 3-70 所示。

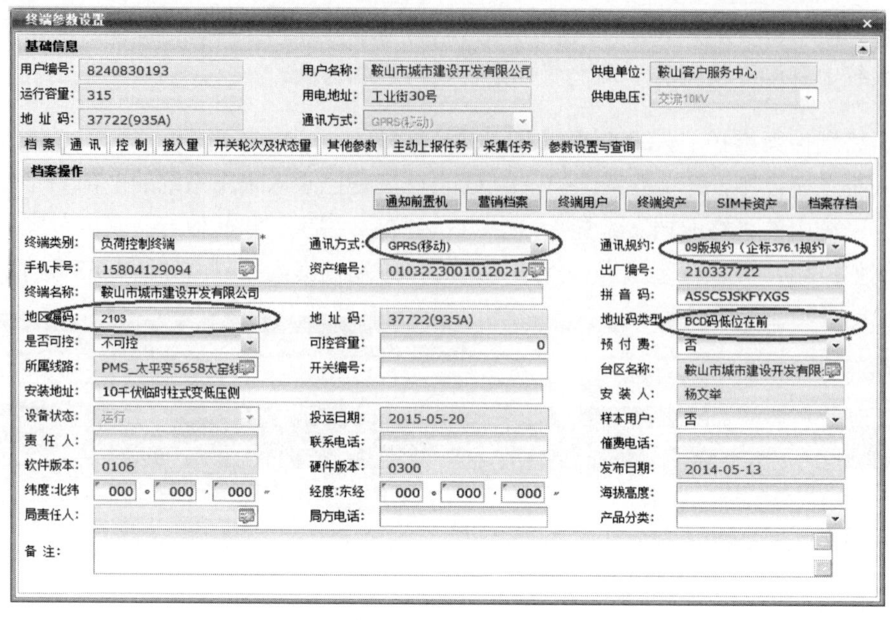

图 3-69　采集系统参数设置界面

图 3-70　主站 IP、端口、APN 设置界面

测量点设置：测量点编号必须是“编号 1”；计量点编号必须与资产编号相对应，测量点设置界面如图 3-71 所示。

电能表/交流采样参数设置：序号必须是 1；资产号必须与表计资产相对应，设置界面如图 3-72 所示。

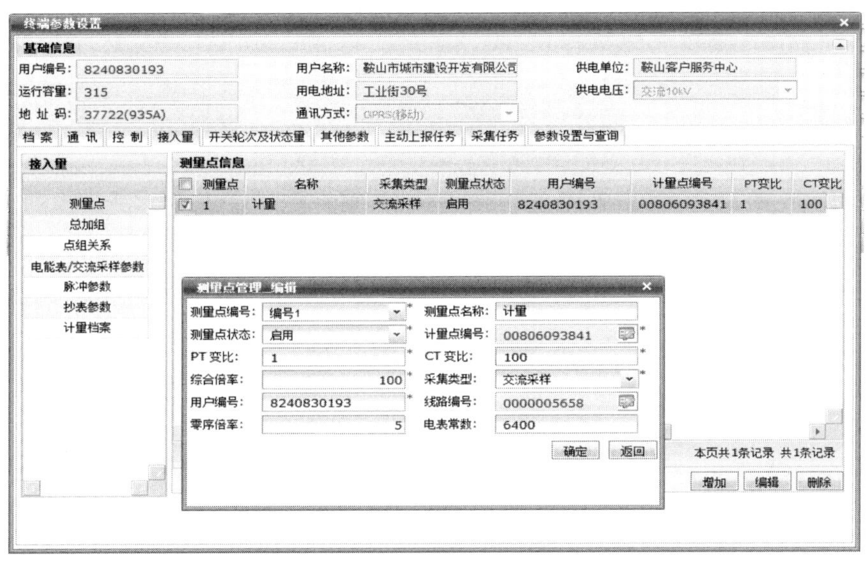

图 3-71　测量点设置界面

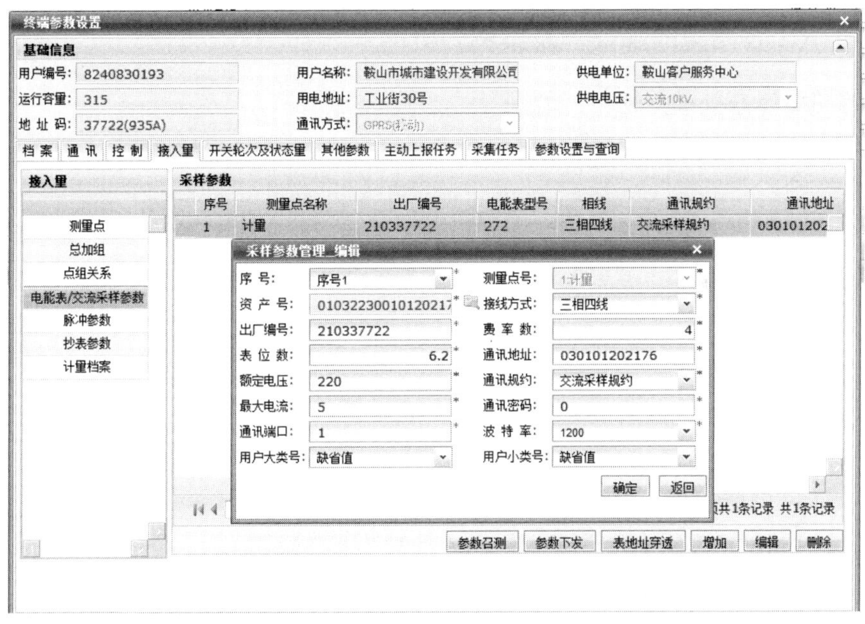

图 3-72　电能表/交流采样参数设置界面

二、GPRS 表的数据查询与管理

GPRS 表采集数据的查询，一般可在专变数据管理中进行查询。同样需要选择 G 表“是”选项。一般“负荷控制终端”“负荷监控终端”的 GPRS 表是作为专变终端来使用的，“配变终端”的 GPRS 表是作为公变考核表来使用的。

同样，在数据管理中可以对漏抄表计或数据不完整表计进行手动补招，如图 3-73 所示。

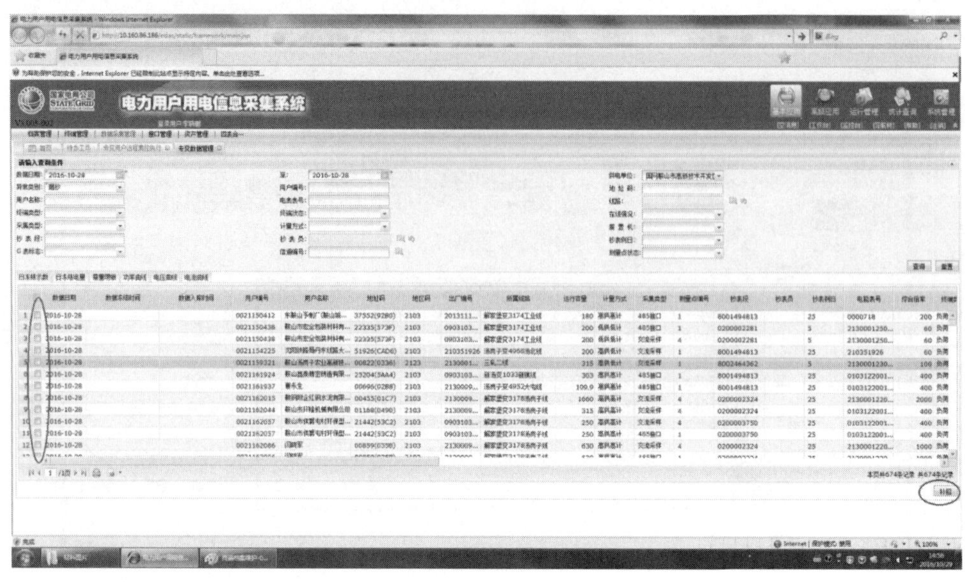

图 3-73　手动补招界面

3.4.3　GPRS 表常见故障处理及案例分析

一、常见故障及处理方法

【故障 3-19】信号问题

1. 故障描述

GPRS 表远程通信依托于 GPRS 公网，偏远地区、地下室等条件经常出现信号弱、无信号情况，也有天线断线、丢失等原因造成信号不稳定，造成通信故障。

2. 解决方案

天线损坏需更换天线；信号弱需加装八木天线、平板天线等增益天线；无信号区域需加装 GPRS 信号放大器，如图 3-74 所示。

图 3-74　增益天线

【故障 3-20】SIM 卡问题

1. 故障描述

GPRS 表与集中器等采用 GPRS 公网通信方式终端同样存在 SIM 卡损坏、欠费、丢失等问题。

2. 解决方案

更换新 SIM 卡或将欠费 SIM 卡充值。

【故障 3-21】主站通信参数问题

1. 故障描述

GPSR 表的主站参数主要有：GPRS 表资产码（通信地址码）、GPRS 表区号及终端地址、通信速率、通信方式（GPRS）、规约类型（根据 GPRS 表不同可选择 09 和 13 规约）、前置机类型（GPRS）等。若设置错误，将造成通信故障。

2. 解决方案

主站调整 GPRS 表档案参数，具体步骤如图 3-75～图 3-77 所示。

图 3-75 GPRS 表档案参数设置界面

【故障 3-22】本地通信参数问题

1. 故障描述

GPRS 表的通信参数、终端地址等一般记录在 GPRS 通信模块中，少量 GPRS 表通信信息及终端地址记录在表内部。必须将 GPRS 表内部通信参数、终端地址调整与主站参数设置一致，否则 GPRS 表将无法上线。

以省用电采集系统 GPRS 制式 GPRS 表参数设置为：主站 IP：192.106.0.2；主站端口：8002；APN：LNYDCJ.LN。

2. 解决方案

现场使用掌机等设备，对GPRS表内通信模块进行抄读、修改，使通信参数、终端地址设置与主站保持一致。

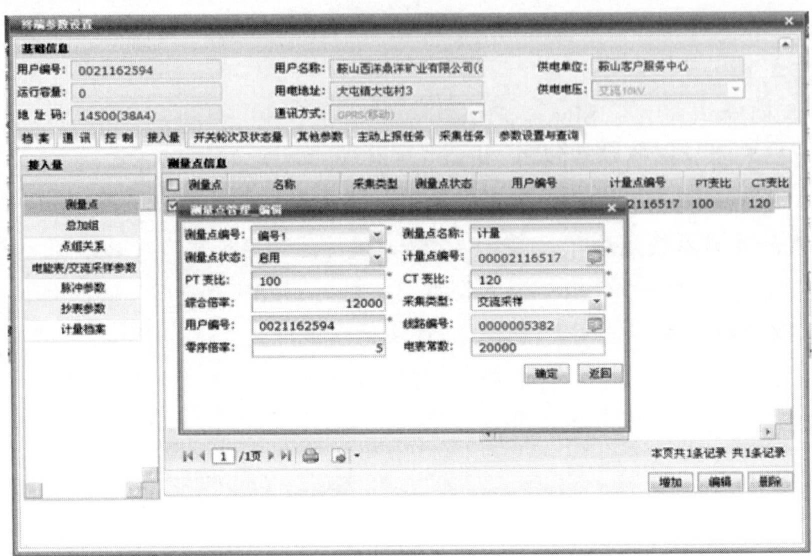

图 3-76　GPRS 表主站参数——测量点参数编辑

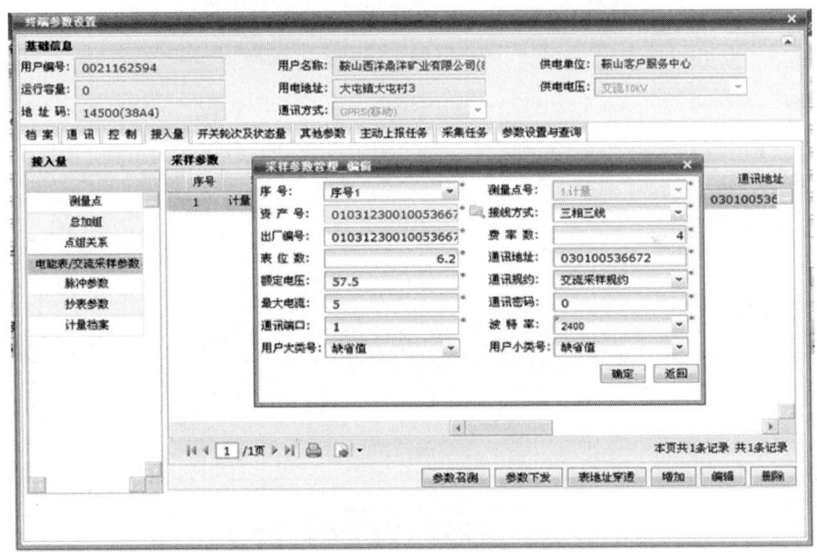

图 3-77　GPRS 表主站参数——电能表/交流采样参数编辑

【故障 3-23】模块问题

1. 故障描述

GPRS表远程通信模块自身损坏造成远程通信故障。

2. 解决方案

更换相同型号相同厂家的GPRS通信模块，并且本地使用掌机对模块重新设置终端地址、通信参数。

【故障 3-24】表计故障

1. 故障描述

GPRS 表故障，如黑屏、烧毁、时钟错误等情况。

2. 解决方案

表计损坏如黑屏、白屏、烧毁，则必须更换表计，并更新采集系统档案；表计时钟偏差较少时可采用主站对时或现场对时，若时钟偏差较大则必须换表处理。

【故障 3-25】接线问题

1. 故障描述

GPRS 表接线错误，造成计量电量丢失、错误，电压、电流缺相，甚至短路。

2. 解决方案

联系计量部门查找出故障点进行处理。

二、案例分析

【案例 3-29】使用八木天线增强信号解决山区 GPRS 表信号弱的问题

1. 故障描述

某县山区较多，存在较多信号弱的 GPRS 表，经常出现主站召测“终端不在线”“召测超时”等现象，如图 3-78 所示，影响抄读成功率。

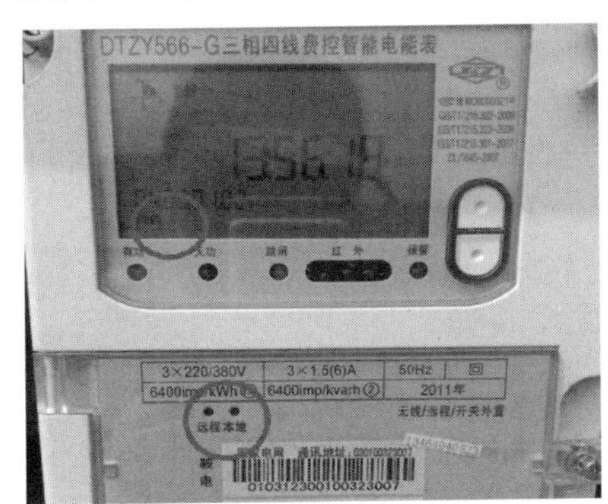

（a）

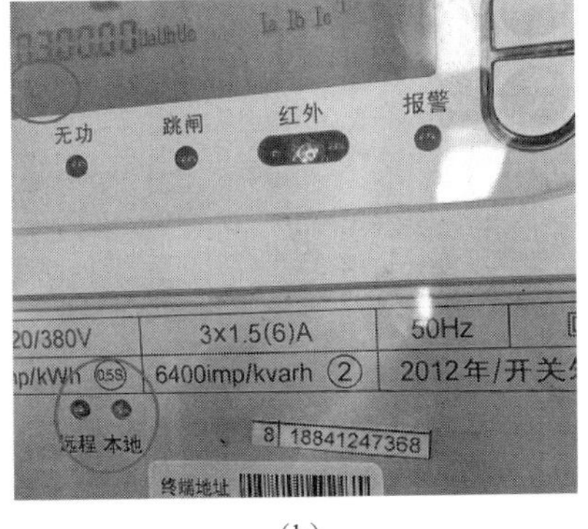

（b）

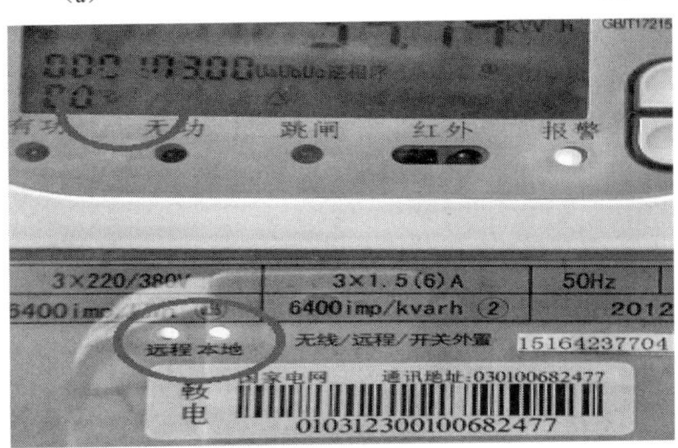

（c）

图 3-78　没信号或者信号弱时 GPRS 表指示灯显示

（a）山区无信号；（b）信号弱 1；（c）信号弱 2

无信号故障、模块通信故障和SIM故障区分方法：

观察显示屏左下角天线标志、信号强度标志，无信号区域信号强度标志无显示或只有一格信号显示。观察“本地”“远程”指示灯，本地灯亮代表通信模块与电能表通信正常，远程灯亮代表通信模块与远程GPRS网络登录，GPRS表故障情况如图3-79所示。

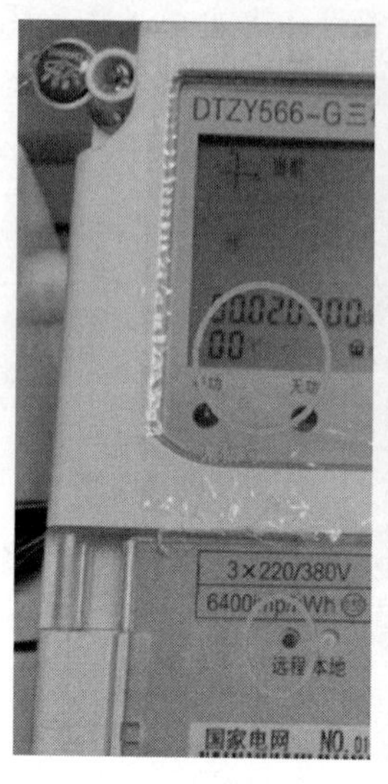

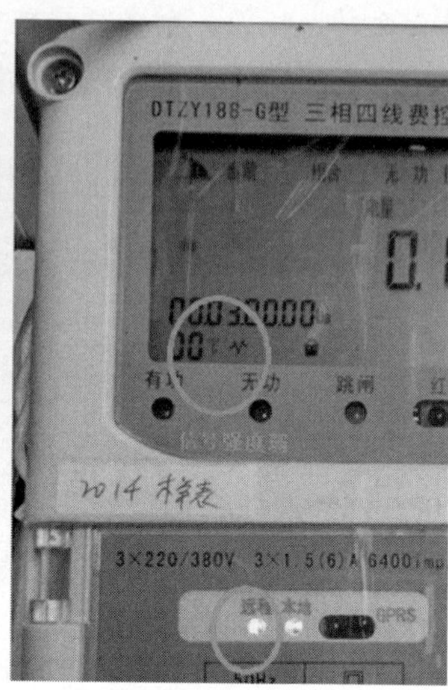

图3-79 GPRS表故障情况

（1）“本地”灯不亮，则代表模块损坏。

（2）“远程”灯不亮且“信号强度”正常，则代表SIM卡故障或欠费。

（3）“远程”灯不亮且“信号强度”无，则代表无GPRS信号。

（4）“远程”灯亮且“信号强度”较弱，主站召测经常超时则代表GPRS信号较差。

2. 处理办法

现场勘查，找出最近的GPRS移动基站，再在GPRS表所在变台附近较高位置指向移动基站固定安装八木天线以增强信号。若信号强度仍然不足，可以适当延长天线延长线，移动天线至信号较好位置，安装过程需考虑避雷设施，以免八木天线受雷击而引起计量装置等设备的损坏。

当然，还有很多现场GPRS信号强度足够，仅是因GPRS表天线断线、未安装、安装处被屏蔽等情况造成信号弱或无信号，这种情况仅需更换天线或调整天线位置即可处理。

【案例3-30】SIM卡故障及欠费

1. 故障描述

在2015年4月，某县因水田灌溉复用的千余块GPRS表中，出现300块以上的表计主站召测时状态为“终端不在线”，因故障GPRS表数量较多，故障点的判断较为烦琐。此类情况有很大可能是SIM卡故障及欠费造成的，其具体表现如图3-80所示。

2. 处理办法

（1）对大批量同时出现的掉线GPRS表，与移动公司确认SIM卡是否欠费，若欠费造成终端掉线，则充值处理。

（2）对刚刚办理复用的故障 GPRS 表，以供电所为单位逐一查询表计供电使用情况及表计显示状态，若未对表计供电，则由各供电所完成复用送电流程手续为表计送电；若表计已供电但显示黑屏、白屏等故障状态，则申报相关部门出具故障表计更换手续，完成表计更换。

（3）对剩余表计进行现场处理，查看天线及信号状态、SIM 卡是否损坏丢失、远程通信模块是否故障等，并逐一进行处理。

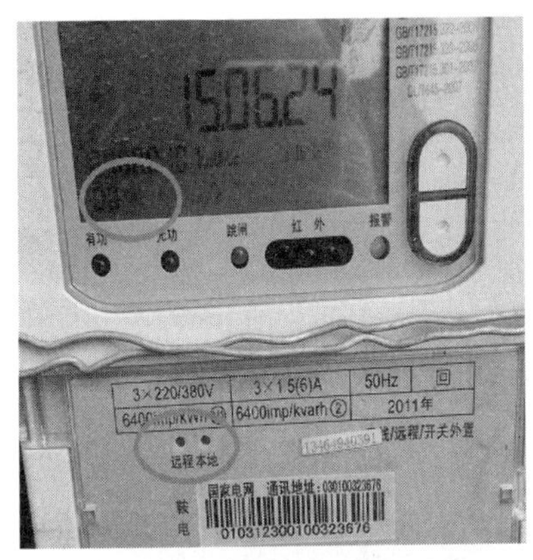

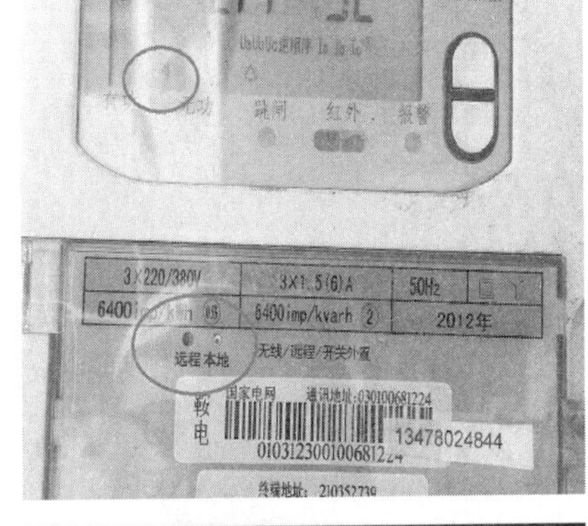

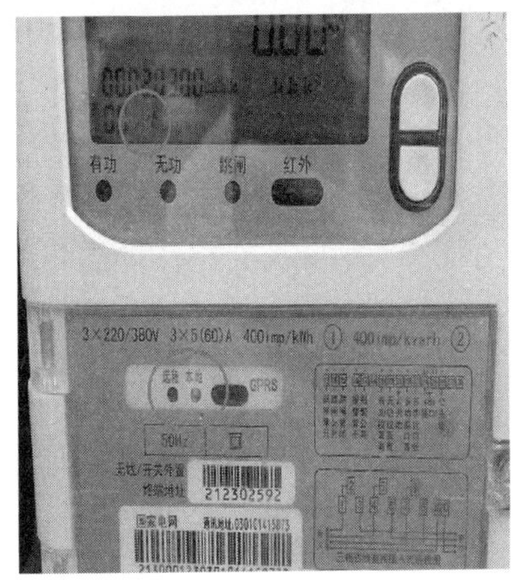

图 3-80 SIM 卡故障及欠费情况

3. 经验总结

对于同时掉线等较大批量同时出现的故障，需要先找到其共同性，以最快、最好、最准的方法先处理此类故障，不但可以节约工作时间提高工作效率，同时可以减少各单位的工作量。

【案例 3-31】GPRS 表档案错误

1. 故障描述

某市，2015 年 5 月，存在少量营销系统 GPRS 表档案与采集系统 GPRS 表档案以及现场 GPRS 表资产和终端地址对应不统一的情况。此部分表计大多为在更换表计、推流程、档案编辑等环节因人为失误等原因造成。另有报停用户、自行拉闸停电用户等实际信息与采集系统中GPRS表运行状态信息错误，造成GPRS表抄读成功率低下。部分表系统中显示为GPRS表但现场非GPRS表，如图3-81所示。

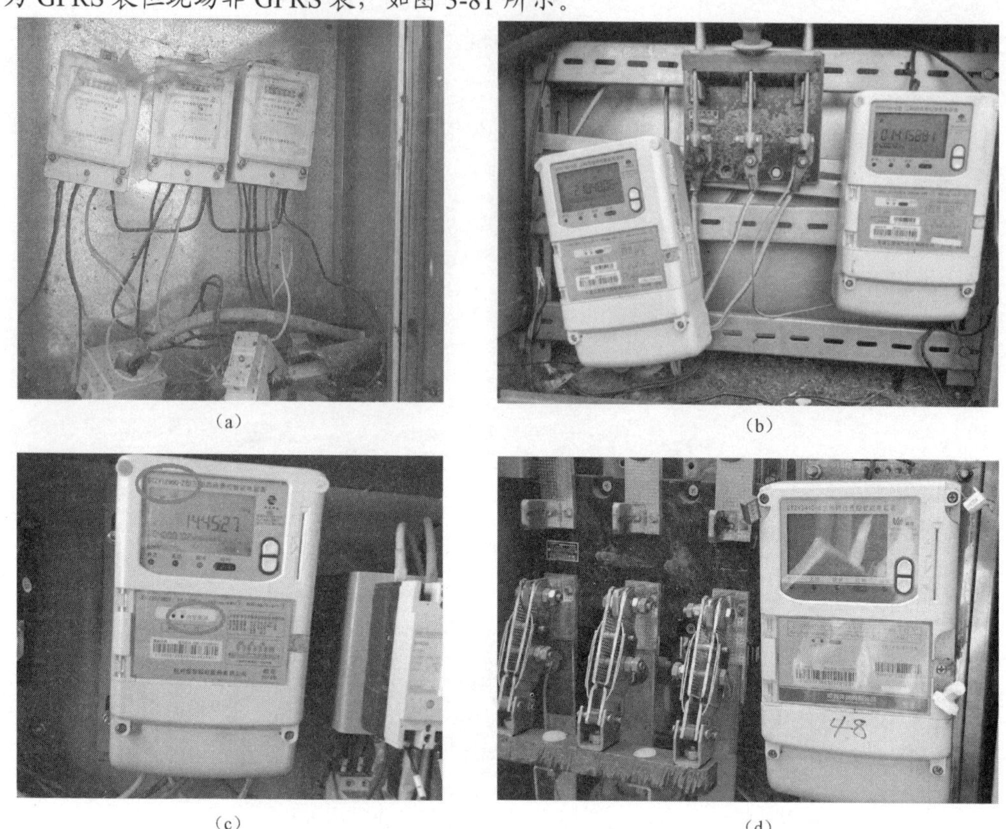

图3-81　部分表系统中显示为GPRS表但现场非GPRS表的情况

（a）机械表；（b）一变多表；（c）载波表；（d）自行拉闸

2. 处理办法

将漏抄等故障GPRS表采集系统档案、营销系统档案进行清理，对于档案错误者需与现场进行核实，核实无误后再行换表及调整档案，若涉及电量电费等问题，更需多部门配合解决。

【案例3-32】GPRS表内通信参数错误

1. 故障描述

某市，在2015年8~10月，由于部分GPRS表厂家响应省公司要求对GPRS表做远程升级，升级过程中需要远程更改GPRS端口等通信参数，待升级完成后再行更改回原端口，但在实际操作中，部分表计因信号弱、掉线等客观原因未能更改回原先通信设置。造成较大批量GPRS表掉线。

例如，杭州百富表计、江苏林洋表计，远程、本地等均正常，信号强度正常，但与主站连接标志的天线标志未显示，代表已连接服务器，但端口号错误造成无法正确连接。

2. 处理办法

现场使用掌机，对通信参数进行设置，更改为正确的通信参数，如图3-82所示。

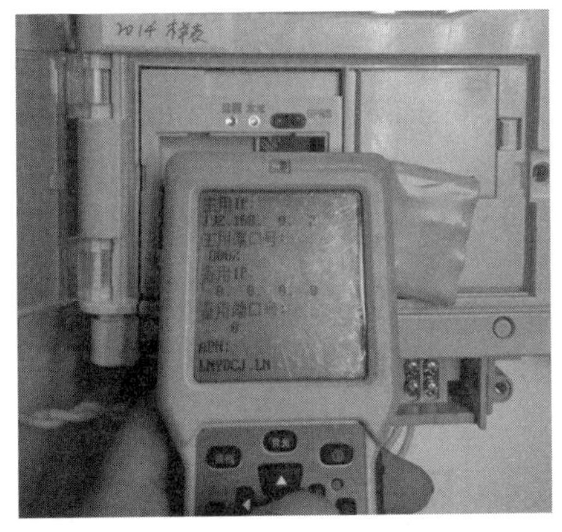
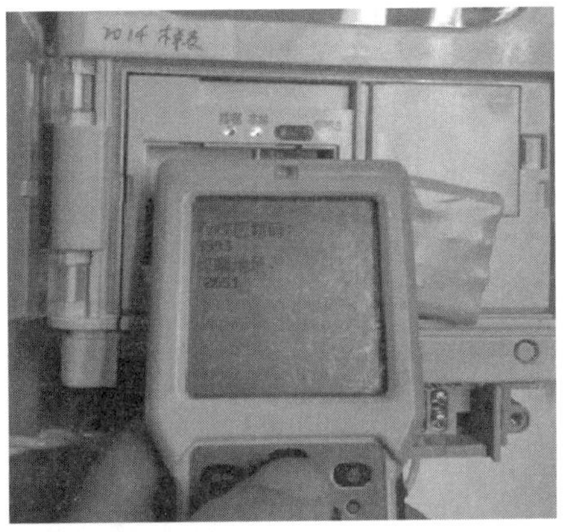

图 3-82 设置 GPRS 表内通信参数

注意：满足 Q/GDW 1356—2009《三相智能电能表型式规范》的表计（简称为满足 09 版规约的表计），对其进行参数设置、查询、对时等操作时，需要先按下可编程按钮，如图 3-83 所示，屏幕出现电话型标志后，才允许操作。而 13 版、04 版 G 表则无此按钮，13 版 G 表部分厂家设置需要使用掌机进行解锁后才可设置、修改参数。

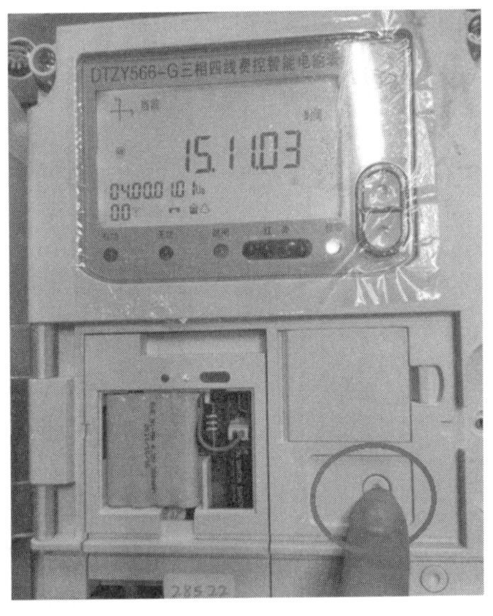

图 3-83 GPRS 表可编程键

【案例 3-33】GPRS 表远程通信模块“本地”灯不亮的处理方法

1. 故障描述

在各地市需要现场排查的 GPRS 表中，经常发现“本地”灯不亮的情况，甚至是“本地”“远程”均不亮。如图 3-84 所示。

2. 处理办法

更换同厂家、同型号的 GPRS 模块，待模块工作正常后，重新设置 GPRS 表终端地址及通信参数。需注意的是：不同厂家不同型号的 GPRS 模块不能通用。

【案例 3-34】GPRS 表黑屏、白屏、时钟错误

1. 故障描述

2015 年 10 月在某县对 GPRS 表进行大规模排查处理时，发现较多故障 GPRS 表现场状态为黑屏（表计带电但屏幕不亮）、白屏（电能表屏幕常亮但无任何显示）和表计时钟错误等现象，如图 3-85 所示。

2. 处理办法

表计黑屏、白屏说明表计损坏，需报有关部门进行更换；时钟错误是指时钟偏差超过 1 天以上，表示表计内时钟电池已电量不足（无法更换），即使使用掌机进行对时操作，也无法保证在下一次掉电时刻表计时钟不发生改变，因此必须进行换表处理。而时钟偏差较少，例如刚刚超过 5min，主站对时失败时，可以采用掌机对表计进行对时，对时、清零等

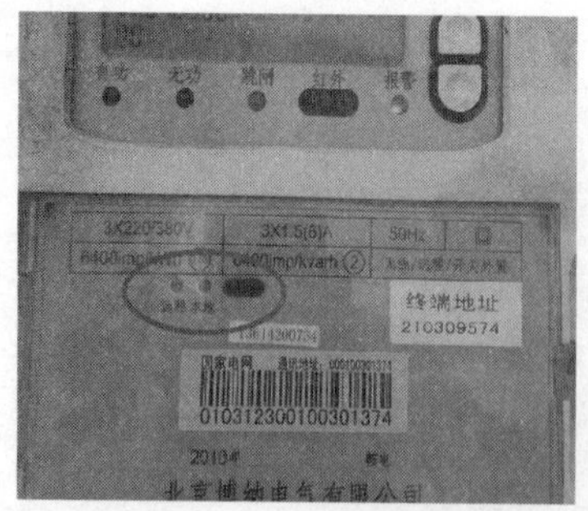

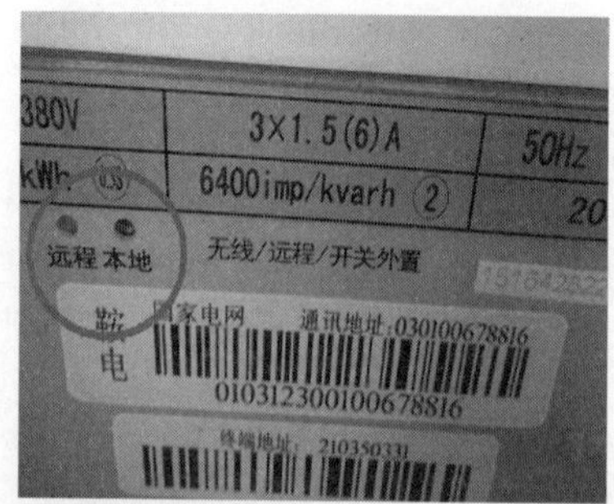

（a）

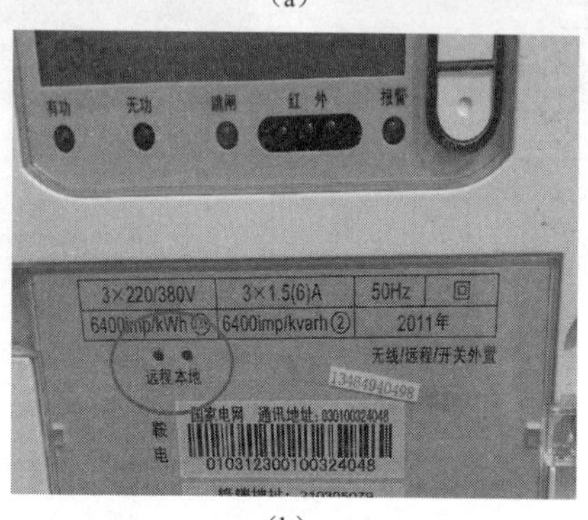

（b）

图 3-84 指示灯不亮的情况

（a）“本地”指示灯不亮；（b）“本地”“远程”指示灯均不亮

（a）

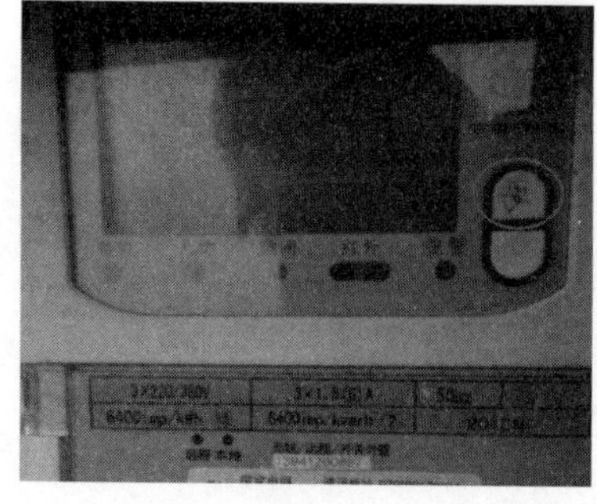

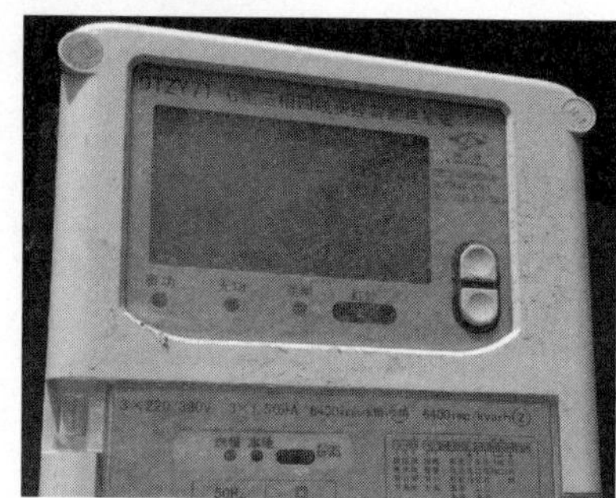

（b）

图 3-85 故障 GPRS 表现场状态

（a）表计损坏；（b）表计黑屏

操作是对 GPRS 表自身的操作而不是对 GPRS 模块的操作，因此需要掌机红外端口对准电能表红外端口进行对时，如图 3-86 所示。

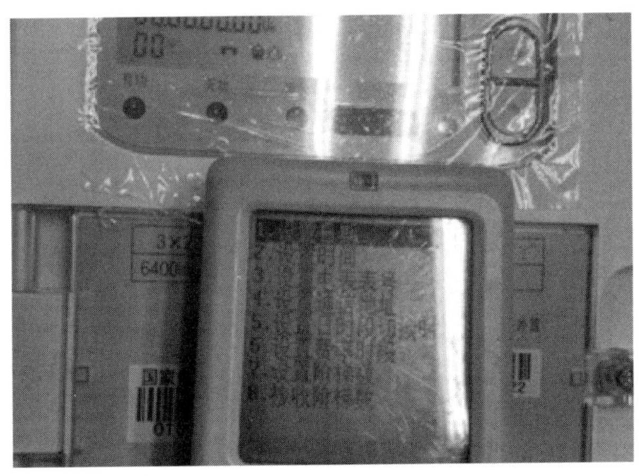

图 3-86　GPRS 表较短时钟偏差对时

【案例 3-35】电压电流及功率象限错误、电量丢失

1. 故障描述

2015 年 9 月，某县的建材装饰材料厂，用电检查部门发现一用户电流电压及功率象限对应异常，用户表为 GPRS 表，现场勘查发现 B 相电流进出线接反，造成电量丢失。

如图 3-87 所示，B 向电流方向为负，因而造成三相有功和叠加时从原来的 $P_A+P_B+P_C=P_{总}$，变为 $P_A-P_B+P_C=P'_{总}$，造成了大量的电流损失。

2. 处理办法

现场更换表计并按正确方式接线，换下的旧表反计量中心检验，并按检验结果向用户追补电量。

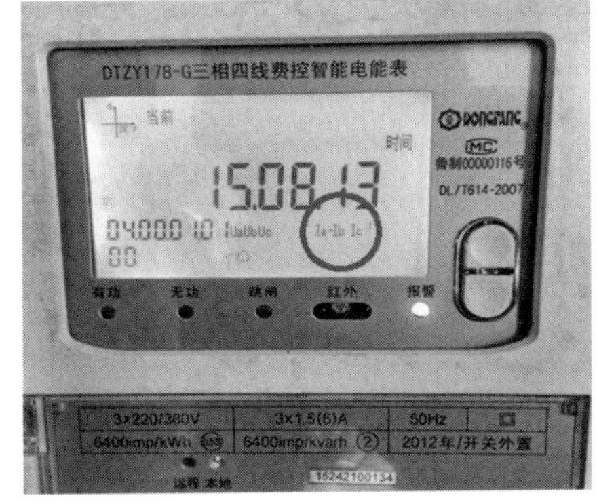

图 3-87　接线错误

3. 经验总结

现实工作中，更多出现的电流、电压断线等故障，同样会造成电量丢失，这就要求我们多对各种用户的用电情况进行分析，避免电量损失。例如，最常见的电流进出线接反，则数据返回的负向功率；电压、电流缺相则造成计量值损失等。

【案例 3-36】终端地址冲突

1. 故障描述

某市由于厂家与计量所沟通失误，因此产生 1000 余只终端地址与集中器冲突的 GPRS 表，因同时使用 GPRS 信道及前置机，此部分冲突地址必须更改后才可正常使用。此批表大部分以更改终端地址方式再次使用，但部分因各种原因未能完成更改，造成部分专变 GPRS 表台区与集中器冲突。

此部分表计故障状态：主站召测回的数据时而正常，时而错误（错误时指向同终端地址集中器内数据），集中器和 GPRS 表争抢占线。

2. 处理办法

使用掌机更改终端地址，使 GPRS 通信方式内的通信地址唯一。

【案例 3-37】换表后旧档案未拆除

1. 故障描述

某冷库用专变 GPRS 表用户，由于旧表损坏，换新表时，因流程错误未将旧表从采集系统中拆除，导致采集系统中此用户有 2 条档案（一条为新表信息，一条为旧表信息），如图 3-88 所示，使采集成功率降低。

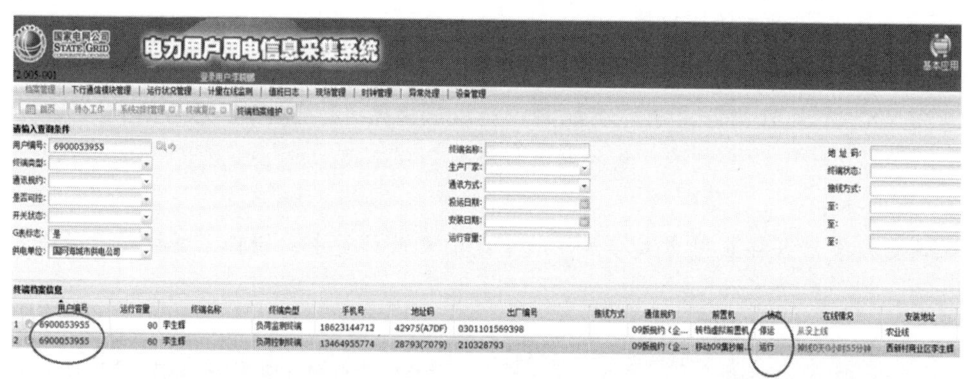

图 3-88　采集系统中有 2 条档案

2. 处理办法

拆除旧表档案，清理采集系统中的垃圾档案。

【案例 3-38】数据采集中同一 GPRS 表有两条记录

1. 故障描述

某区一户塑料厂只使用一块专变 GPRS 表，但采集系统中专变数据采集时却出现了 2 条数据，一条为空数据，一条为正常数据，如图 3-89 所示。

2. 原因分析

经过对此用户档案信息的梳理，发现此用户的测量点信息设置错误，其设置的方式类似于专变终端的设置方式，但 GPRS 表只有“交流采样”一个测量点，而非像专变终端一样可用 485 接多个测量点及脉冲辅助计量，因此造成如此现象，具体参数设置如图 3-90 所示。

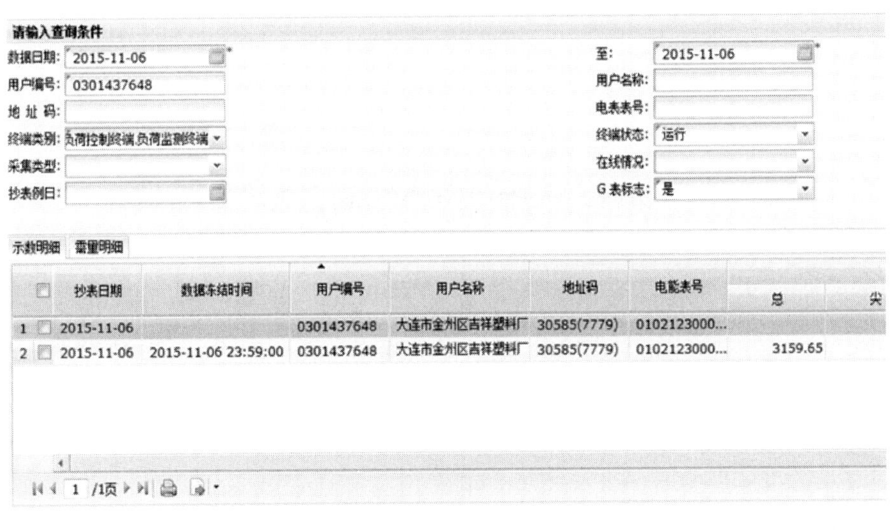

图 3-89 数据采集中同一 GPRS 表有 2 条记录

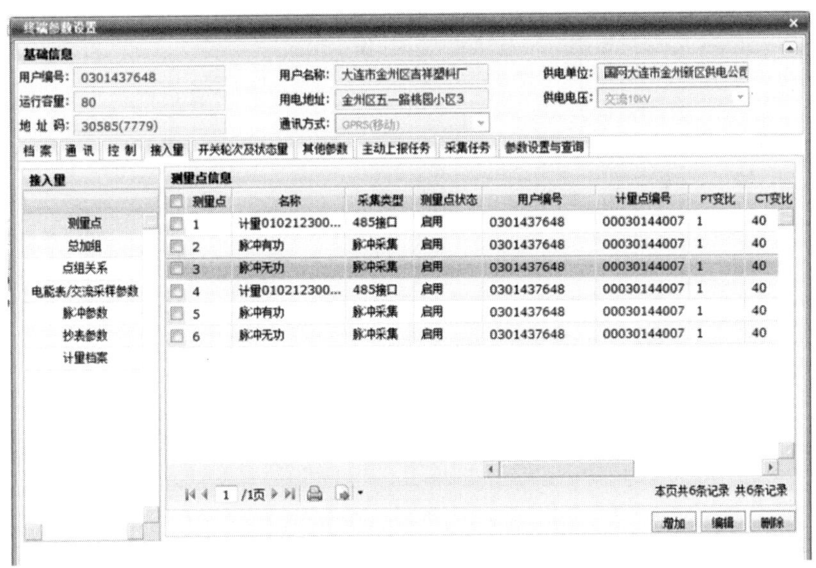

图 3-90 参数设置界面

3. 处理办法

删除多余测量点信息，更正测量点信息参数。

第 4 章

智能电能表及低压采集台区

智能电能表是电力系统中最基本的计量及考核设备，应用较为广泛的智能电能表从供电方式来区分可以分为单相智能电能表和三相智能电能表，如图 4-1 和图 4-2 所示；从通信方式来划分可以分为 RS485 通信（不带远程通信模块）智能电能表和载带载波/微功率无线通信方式（带远程通信模块）智能电能表。

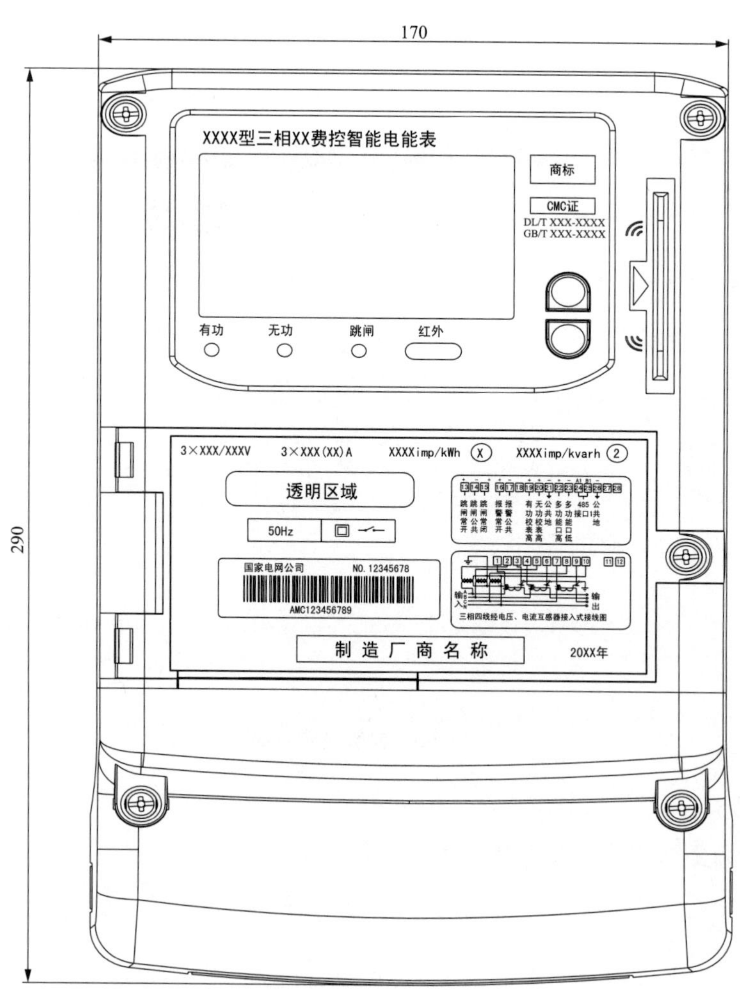

图 4-1　三相智能电能表

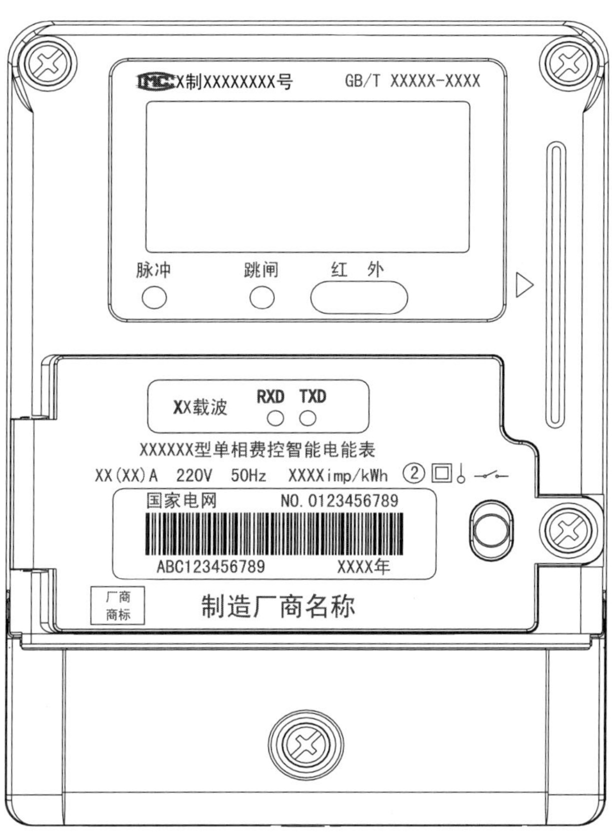

图 4-2　单相智能电能表

4.1　智能电能表类型及常见应用范围

1. RS485 通信方式（不带远程通信模块）三相智能电能表

一般应用于专变计量、电压台区考核、厂站考核等。专变终端、集中器、厂站终端等采集设备通过 RS485 对电能表进行采集，RS485 三相智能电能表如图 4-3 所示。

2. 窄带载波/微功率无线通信方式（带远程通信模块）三相智能电能表

一般应用于低压供电台区内三相动力用户、商业用户计量。集中器通过载波或微功率无线进行采集，带模块三相智能电能表如图 4-4 所示。

3. RS485 通信方式（不带通信模块）单相智能电能表

一般应用于低压台区内普通用户，集中器通过载波或微功率无线至采集器，再由采集器转换 RS485 进行采集，RS485 单相智能电能表如图 4-5 所示。

4. 窄带载波/微功率无线通信方式（带远程通信模块）单相智能电能表

一般应用于低压台区内普通用户，集中器通过载波或微功率无线进行采集，带模块单相智能电能表如图 4-6 所示。

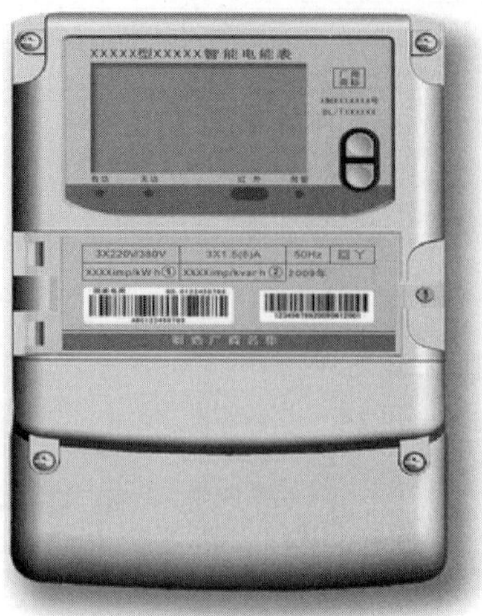

图 4-3　RS485 三相智能电能表

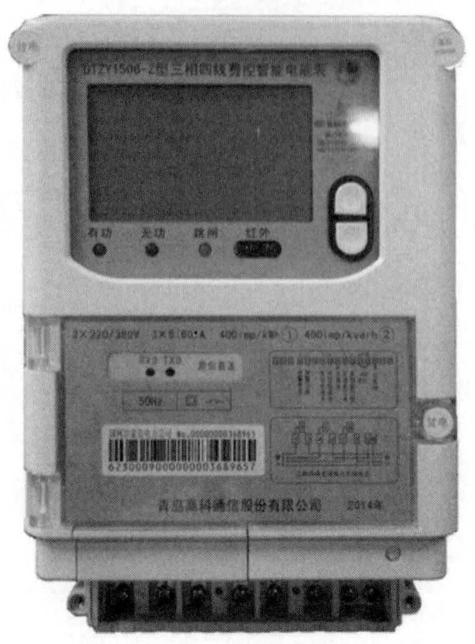

图 4-4　带模块三相智能电能表

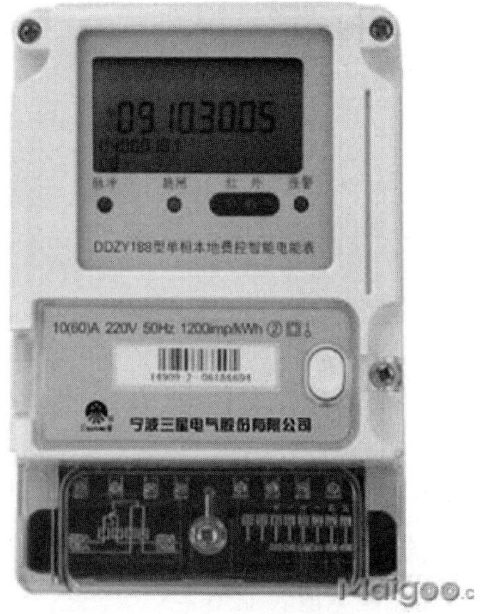

图 4-5　RS485 单相智能电能表

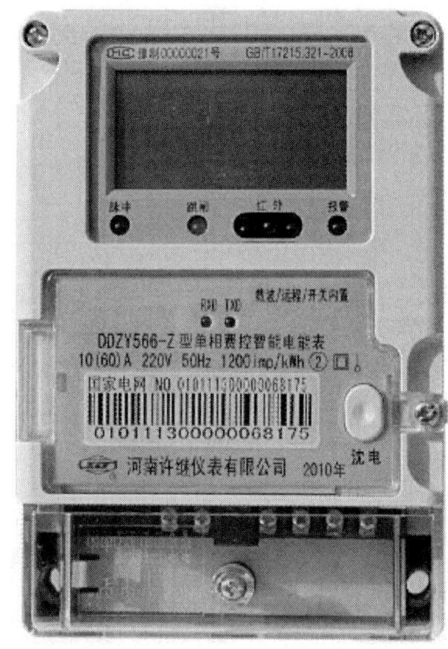

图 4-6　带模块单相智能电能表

4.2　低压采集台区

1.低压采集台区概念

台区是指变压器（变台）供电区域。清晰划分供电台区，是为了用电管理的需要，可以更规范、科学地管理人员分工、设备维护、电量计算、线损统计等方面。

同时，清晰划分供电台区也是电力信息采集的一个基础，无论从本地通信层通信网路建立的原理，还是电力信息采集系统深层次的应用（如线损计算、负荷调配等方面），清晰划分供电台区都是十分必要也是十分重要的一个环节。

2.低压采集台区的构成

低压采集台区主要由智能电能表和采集终端构成，例如集中器、台区考核表、用户计量智能电能表组成的低压公变台区。

集中器一般安装在台区计量箱（柜）内，以便能受到保护，并便于接入电源线和台区总表的 RS485 线。集中器通过 RS485 总线抄读台区考核表（总表）数据，通过低压电力线抄读其他智能表数据，最好将采集到的数据通过 GPRS 信号上传至主站服务器。

3.多表合一采集

多表合一采集主要是对集中器进行软件升级，并增加一转换器（类似 I 型采集器），实现对水、气、热表的采集，多表合一采集系统架构如图 4-7 所示。

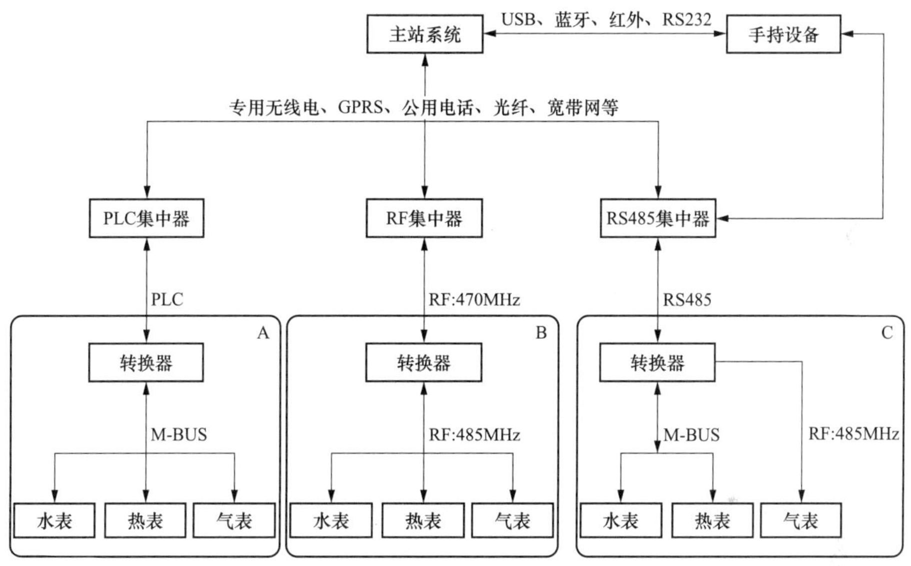

图 4-7　多表合一采集系统架构

转换器是指用于采集单个或多个用户表（水、气、热表）的计量数据信息，并将这些数据信息处理后通过信道将数据传送到集中器或将集中器的命令转发到用户表（水、气、热表），转换器外形如图 4-8 所示。

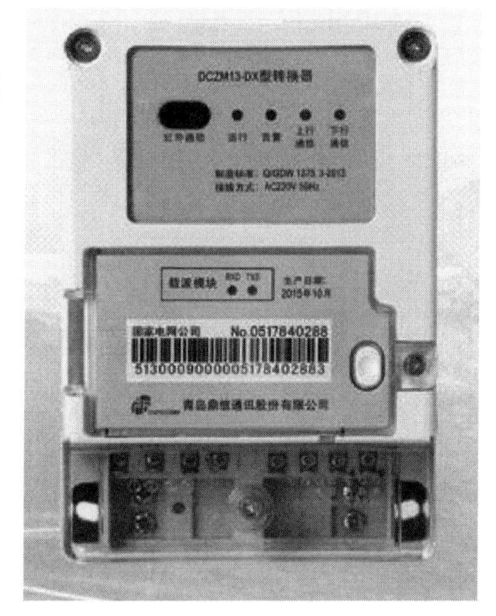

图 4-8　转换器

4.3　常见故障处理及案例分析

4.3.1　低压采集台区常见故障处理办法

一般将低压公变台区的常见采集故障分为主站故障和现场故障。其中主站故障包括：

（1）电能表参数未下发或下发错误导致电能表无法采集。

（2）电能表参数错误导致电能表无法采集。

（3）电能表台区档案错误导致电能表无法采集。

现场故障包括：

（1）电能表故障（损坏、时钟、采集芯片等）。

（2）电能表接线故障。

（3）电能表采集模块故障。

（4）台区噪声干扰等。

运维人员遇到故障时，一定要采取“先主站后现场”的工作思路，以保证工作效率。

1. 主站分析（以省采集系统为例）

（1）查询供电公司整体低压台区抄表成功率。

1）操作步骤：基本应用—数据采集管理—采集质量分析—采集成功率—低压采集成功率。采集界面如图 4-9 所示。

2）作用：监控供电公司整体抄表成功率指标，掌握供电公司整体电能表运行情况。

图 4-9　采集界面

（2）查看供电公司台区运行情况。

1）操作步骤：统计查询—数据分析—抄表成功率。抄表成功率界面如图 4-10 所示。

2）作用：即时监控低压台区运行情况，及时筛选出台区集中器掉线情况。

（3）对低压台区中掉线集中器及时处理。

操作步骤：运行管理—采集设备管理—运行情况监测。界面如图 4-11 所示。

（4）筛选出漏抄较多的低压台区中漏抄户。

操作步骤：基本应用—数据采集管理—集抄数据管理—输入地址码—选择漏抄—查询。界面如图 4-12 所示。

（5）召测、核对漏抄表计档案。

操作步骤：基本应用—档案管理—集中器档案维护—参数维护—电能表—选择召测。召测界面如图 4-13 所示。

地址码	地区码	应抄数	实抄数	漏抄数	成功率(%)	终端状态	零度户数	倒走户数	应抄数_总表	实抄数_总表	终端名称	终端厂家
15118(3B0E)	2121	155	154	1	99.35	运行	25	0	0	0	养士堡王家照明	南京新联电子股份有限公司
26605(67ED)	2101	38	37	1	97.37	运行	6	0	1	1	王家村照明南台	威胜集团有限公司
10330(285A)	2101	83	82	1	98.8	运行	14	0	0	0	冷子堡电管所	威胜集团有限公司
29011(7153)	2101	263	261	2	99.24	运行	167	0	1	1	亿甲府第1#箱1#表	华立仪表集团股份有限公司
29060(7184)	2101	259	258	1	99.61	运行	168	0	1	1	亿甲府第3#箱2#表	华立仪表集团股份有限公司
29038(716E)	2101	278	277	1	99.64	运行	152	0	1	1	亿甲府第3#箱1#表	华立仪表集团股份有限公司
12027(2EFB)	2101	189	189	0	100	运行	59	0	0	0	毓秀新村2#	江苏林洋电子有限公司
11968(2EC0)	2101	235	235	0	100	运行	99	0	0	0	毓秀新村1#	江苏林洋电子有限公司
29085(719D)	2101	239	237	2	99.16	运行	113	0	1	1	亿甲府第2#箱2#表	华立仪表集团股份有限公司
29043(7173)	2101	265	265	0	100	运行	143	0	1	1	亿甲府第2#箱1#表	华立仪表集团股份有限公司
12021(2EF5)	2101	455	455	0	100	运行	218	0	0	0	金裕华城小区1#考核	江苏林洋电子有限公司
11980(2ECC)	2101	283	283	0	100	运行	51	0	0	0	金裕华城小区2#考核	江苏林洋电子有限公司
12028(2EFC)	2101	238	238	0	100	运行	127	0	1	1	华府宝地小区考核	江苏林洋电子有限公司
12004(2EE4)	2101	441	441	0	100	运行	150	0	1	1	紫郡首府1#考核	江苏林洋电子有限公司
12134(2F66)	2101	143	142	1	99.3	运行	68	0	1	1	府苑雅都1号考核	华立仪表集团股份有限公司
12127(2F5F)	2101	162	162	0	100	运行	61	0	1	1	府苑雅都2号考核	华立仪表集团股份有限公司
12124(2F5C)	2101	170	169	1	99.41	运行	78	0	1	1	府苑雅都3号考核	华立仪表集团股份有限公司
12212(2FB4)	2101	191	188	3	98.43	运行	73	0	1	1	府苑雅都4号考核	华立仪表集团股份有限公司
10232(27F8)	2101	193	193	0	100	运行	41	0	1	1	冷子堡忙后南台	威胜集团有限公司

图 4-10　抄表成功率界面

图 4-11　运行情况检测界面

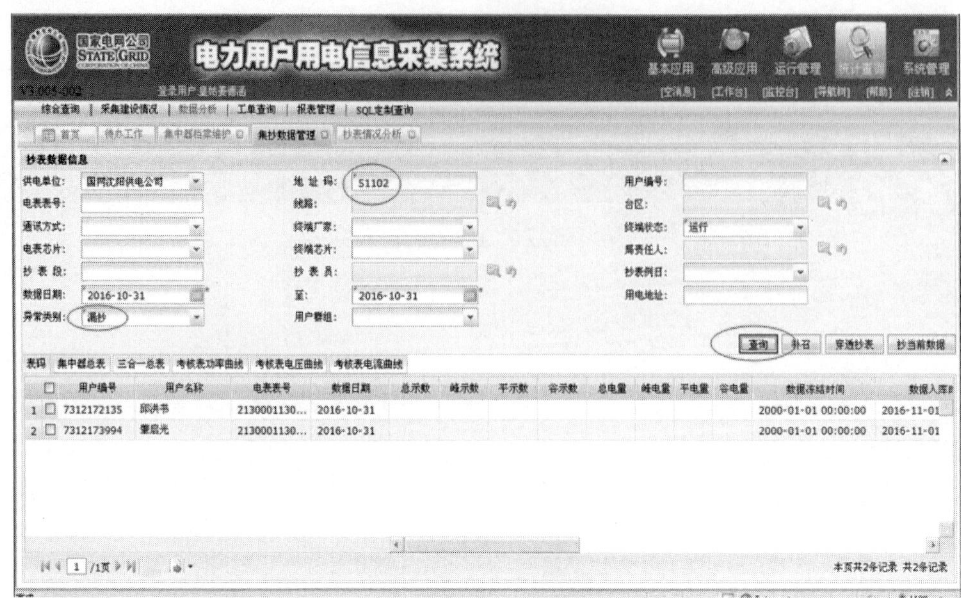

图 4-12　查询界面

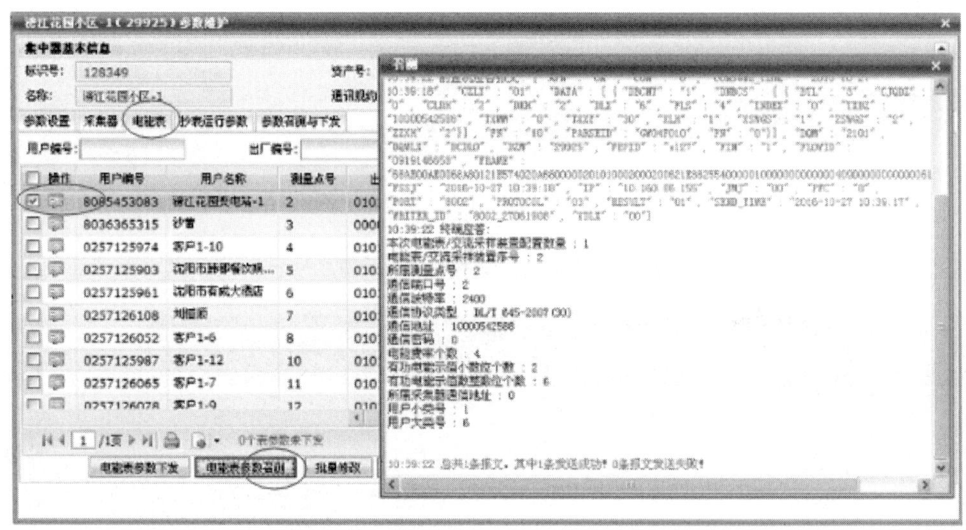

图 4-13　召测界面

2. 注意事项

（1）同一集中器内，电能表测量点不能重复，一般 1、2、3 为预留测量点，供采集台区考核表数据使用，普通用户电能表均从 4 开始，依次排序。当出现测量点重复的情况下，就会导致集中器抄表时无法正确采集。

（2）在设置电能表采集档案中，其参数设置错误，例如通信地址、通信速率、通信规约、测量点、端口号、大类号、小类号等参数设置错误，也会影响用户数据的正常采集。最常见的参数设置错误是端口号。当电能表的端口号设置不正确时，电能表数据就无法采集。省三相一般工商业用户主站参数设置如图 4-14 所示。

图 4-14　省三相一般工商业用户主站参数设置

（3）同一用户号下对应多块电能表档案，会导致只有 1 户表计可以采集。此类故障经常是因为换表营销流程未完整，造成相同用户号下新、旧表号都存在于采集系统中，旧表的数据无法采集。

（4）集中器现场显示漏抄数量很少，但检查历史表数却没有数据，可能是一些电能表参数设置有问题。

4.3.2　现场常见采集故障及处理方法

【故障 4-1】表计故障

1.故障描述

表计的正常运行是智能表数据被采集的基本条件，所谓正常运行就是指表计硬件完好无损，满足正常上电的条件。但表计在现场运行过程中，往往会遇到这样或那样的问题，现根据现场经验，描述如下：

（1）由于表计质量不过关，使表计在质保期内出现黑屏、白屏的现象，如图 4-15 所示。

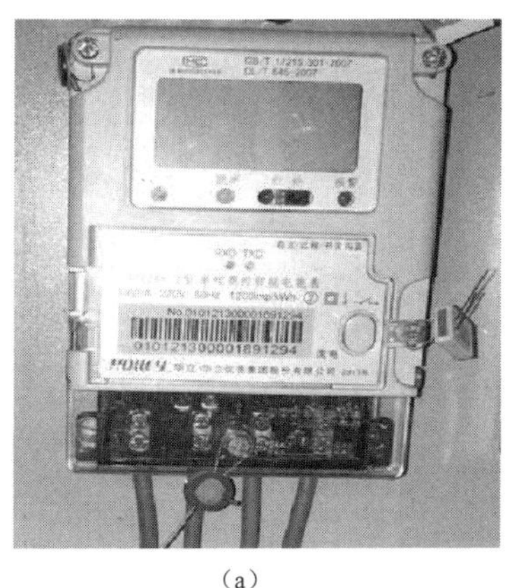

（a）

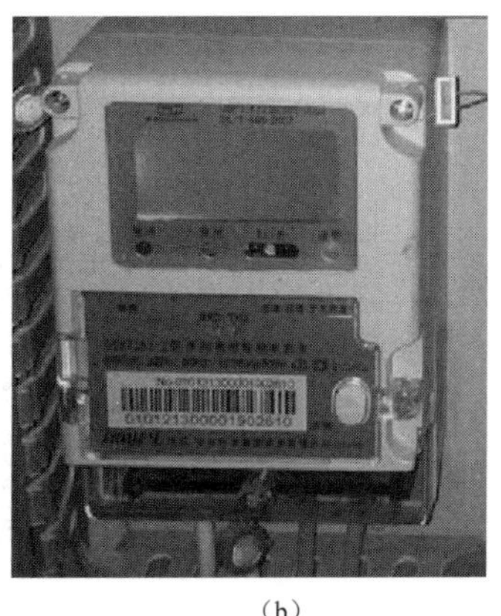

（b）

图 4-15　表计故障

（a）表计黑屏；（b）表计白屏

（2）现场表计内部通信地址和外部铭牌资产编号不符或现场表号和采集系统内该电能表表号不符，电能表屏幕显示如图 4-16 所示。

（3）表计内部通信模块故障，造成表计无法通信，数据无法采集。通常在表计外观显示上表现为 RXD 灯常亮，如图 4-17 所示。

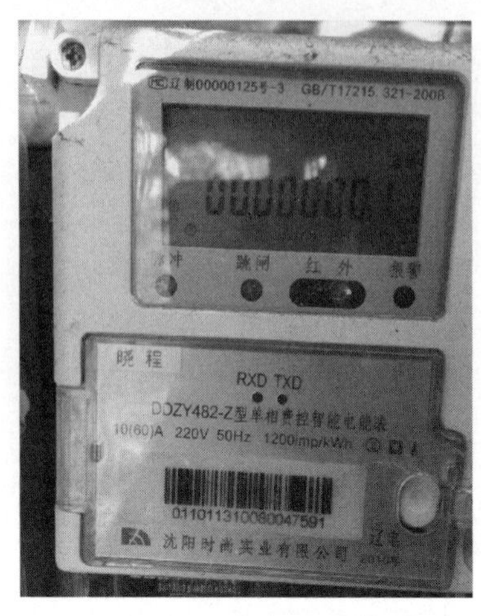

图 4-16　表号不符

图 4-17　通信模块故障

（4）表内数据清零。一般是表计内部故障导致表内数据清零。现场表现为屏显数据全部为零，电能表远程采集和现场掌机采集均失败。

（5）表内电池欠压失效，电池欠压的表计遇到停电时，常常会造成表内时钟错误的问题。现场表现为电能表故障灯常亮，屏显出现欠压符号以及电能表时钟与实际不符。通常在表计显屏上显示 Err-04。

（6）表计时钟错误，导致其数据无法采集，如图 4-18 所示。

（7）表计故障，例如表计烧、表计进水等造成的表计数据无法采集。如图 4-19 所示为表计进水导致卡槽烧毁。

图 4-18　时钟错误

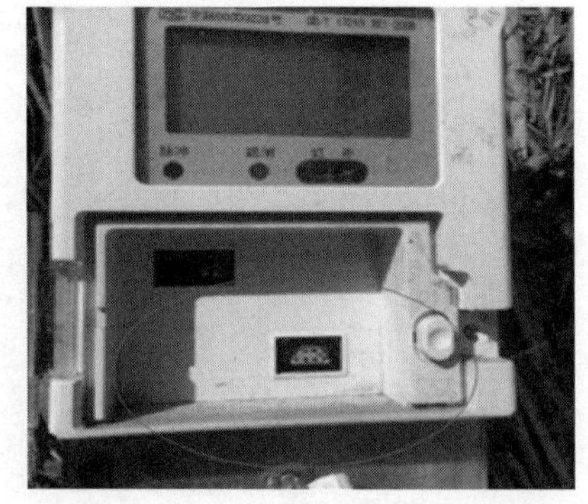

图 4-19　表计进水导致卡槽烧毁

2. 处理办法

遇到上述问题时，解决的唯一办法就是更换表计。但需要注意的是：采集系统中出现

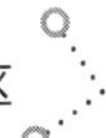

表号批量错误时，一般是由于营销流程错误导致的。处理方法是在系统中重新修改表号。

【故障 4-2】表计接线问题

1. 故障描述

（1）三相智能电能表 A 相无电，表现为电能工作、表屏显正常，但模块不工作。

（2）三相动力表计接线反向，特别是三相表计单相接线接反的情况下不易察觉。此故障需要根据主站采集的表计数据进行分析、判断。

（3）零线带电。零线测量带电，表现为电能表黑屏。此故障主要是由零线接地不良或者表 3、4 端子与零线虚接造成的。

（4）单相表计零线、相线接反。此故障会造成表计采集示数为零。

（5）智能电能表相线及零线没有接，电能表处于停电状态，无法与集中器通信；用户将表前开关断路，导致电能表不工作。

（6）台区考核表接线错误。表现为考核表与集中器 RS485 接口端子选择错误、RS485 线内部断路等。

2. 处理办法

更正接线即可。针对用户自己停电的情况，可以加接表后开关并将表前开关置于表箱内用户无法接触的位置。

【故障 4-3】模块问题

1. 故障描述

（1）模块方案与台区方案不匹配。现场表现为台区内集中器和绝大多数表计载波方案为一个方案，部分表计为其他方案，导致这部分表计无法远程采集抄表。

（2）模块故障。部分厂家生产的电能表自带模块未检验，现场模块不工作，表计数值无法采集。

（3）模块未装好或载波模块插针弯曲，会导致通信效果不好或信号连接不上，使抄表成功率不高。如图 4-20 所示为电能表载波模块未插好，如图 4-21 所示为模块插针歪。

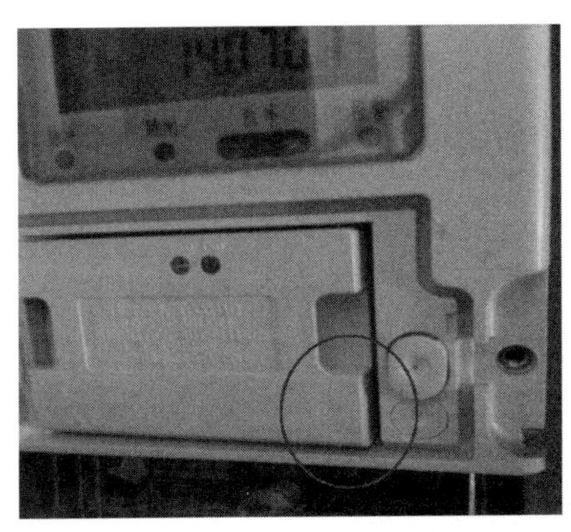

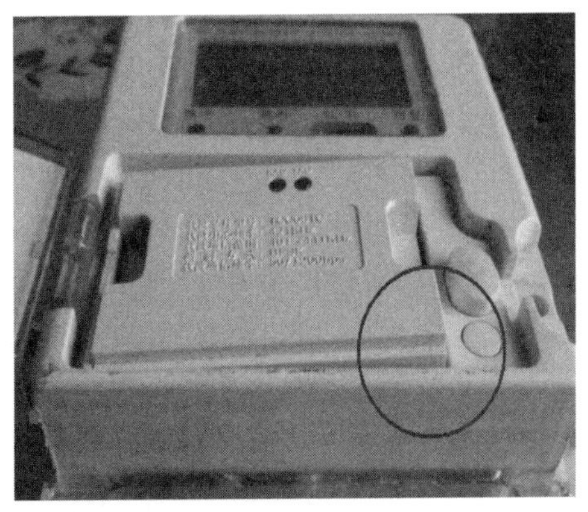

图 4-20　电能表载波模块未插好

2. 处理办法

更换为同方案载波模块，并保证模块正常运行。

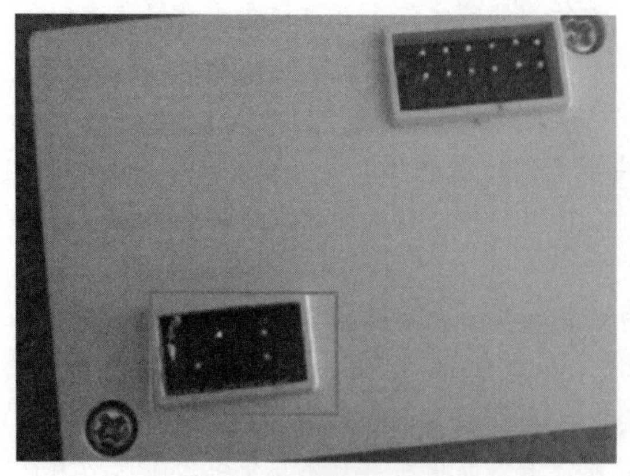

图 4-21　模块插针歪

【故障 4-4】台区负荷不匹配

1. 故障描述

采集档案中出现居民用户用电与台区变压器不匹配的时候，造成表计数据采集不稳定甚至无法采集的现象。此类问题比较容易出现在集中小区内，由于同箱式变压器的两台变压器公用零线，故集中器可以通过零线去串抄共零台区的表计数据，现场如图 4-22 所示。

2. 处理办法

对台区负荷重新核实，分劈出正确的台区负荷情况。

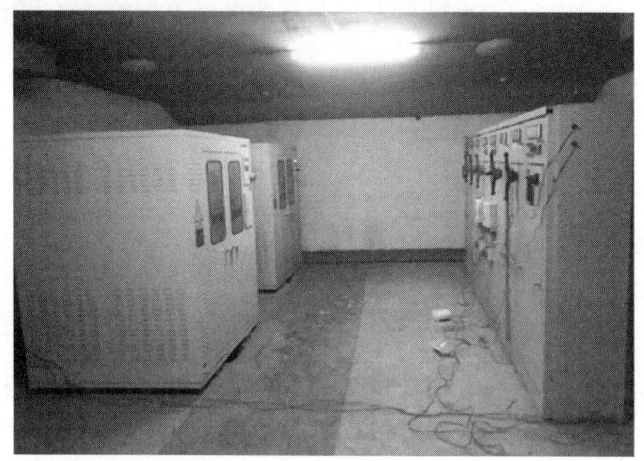

图 4-22　变电室

【故障 4-5】台区噪声

1. 故障描述

当台区安装有和集中器抄表方案同频率的设备时，例如泵房、运行中的换热站、锅炉房等干扰源，干扰源发出的同频噪声会影响集中器的有效抄表，台区存在噪声时监测的频谱如图 4-23 所示。

2. 处理办法

（1）安装集中器时，最好避开干扰源，尽量减少干扰噪声的抄表影响。

（2）当干扰非常严重时，可以添加滤波设备至干扰源处，过滤掉噪声。接滤波设备时，需要接 A、B、C 三相和零线。

【故障 4-6】多表合一采集集中器在线不抄表

故障描述及处理办法：

（1）参数错误，水、气、热表多数厂家未按照 CJ/T 188—2004《户用计量仪表数据传输技术条件》设计，通信速率没有统一规范，需了解表计正确通信速率进行设置，可由主站批量修改通信速率，下发到集中器内。

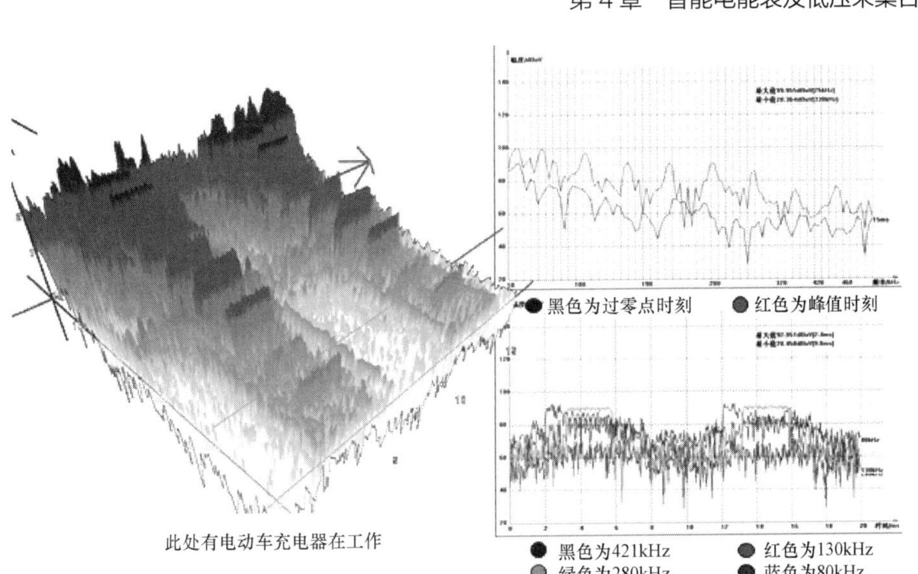

图 4-23　台区有噪声时检测的频谱

（2）水、气、热表号批量设置错误，标准水、气、热表的表号是 14 位，比电能表表号多 2 位。一般表上可能不会写全 14 位，通常是缺省的位补 0，位数不正确会导致集中器不抄表。

（3）水、气、热表带转换器地址抄表模式，采集系统内水、气、热表转换器地址和现场转换器地址不一致，会导致集中器不抄表，需设置采集系统内地址和现场转换器地址一致。

（4）集中器时钟错误，抄回的实时数据无法冻结，需主站对时，如时钟芯片出现问题，需通过更换集中器解决。

（5）集中器下行通信故障，需要厂家人员截取 376.2 下行通信报文查找原因 。如下行通信路由坏，则需更换路由。

（6）档案未下发，主站参数管理召测水、气、热表参数，召测结果显示“NULL”，表示集中器内无档案，需将集中器参数下发到集中器。

（7）串台区，如集中器和转换器之间采用电力载波，系统内档案划分错误，共零台区会出现共零串扰，将相邻台区水气热表抄回，导致抄读不稳定。解决方案：用技术手段确认台区归属，正确调整档案。

（8）转换器带载水、气、热表数量过多，导致抄读不稳定。解决方案：加装转换器，分散水、气、热表数量，将转换器控制在最佳工作范围内。

（9）转换器 M-BUS 口或 RS485 口接线虚接，导致抄表不稳定，应检查通信接线是否稳固。

（10）集中器内档案和采集系统内档案不一致，集中器内存在现场不存在的表计档案，下行路由反复抄读现场没有的表计，导致抄表慢，抄表不稳定。解决方案：清空集中器内档案，通过主站采集系统重新下发档案。

【故障 4-7】多表合一采集水热气表部分漏抄

（1）水、气、热表计故障，现场用手持设备抄读没有数据，可判断为通信故障，应采取更换表计的方法解决漏抄户。

（2）水、气、热表计 M-BUS 线或 RS485 线和总线虚接或线断，导致漏抄，应重新接线，稳固可靠。

（3）串台区，用户不属于本台区内，现场用手持设备可抄读到数据，系统内表计漏抄，应调整档案至正确台区。

（4）集中器内没有漏抄用户档案，导致漏抄，应在采集系统重新下发档案到集中器。

（5）水、气、热表现场通信地址和采集系统内不一致，导致漏抄，应更改为正确表号后，重新下发到集中器。

（6）带地址抄表的转换器下所带水、气、热表全部漏抄。

（7）转换器断电，应保持转换器正常持续供电。

（8）转换器或转换器内模块坏，上、下行通信灯不亮，解决方案：更换转换器或转换器内模块。

（9）转换器 M-BUS 或 RS485 通信线未接上，导致转换器下所有户漏抄，应重新接线。

（10）转换器地址和采集系统内参数地址不一致，需更改地址后重新下发档案。

4.3.3 案例分析

【案例 4-1】电能表采集模块方案不匹配

1. 故障描述

某供电公司新装三相表计 31 户全部漏抄，该表原为福星晓程载波方案 09 型三相表计，安装现场台区均为鼎信载波方案台区，工作人员将原模块更换为鼎信 13 版三相模块后未抄回，且模块左边绿色 RXD 灯长亮。

2. 故障分析

三相电能表与模块版本型号分为 09 版本与 13 版本，可以通过外观模块背后上方插口大小区别，宽口为 09 三相模块，窄口为 13 三相模块，电能表端可通过模块上方插槽开口大小区分，电能表版本型号需与模块版本型号对应。如果将 13 三相模块安装至 09 三相表计上会出现模块左边绿色 RXD 灯长亮无法抄读。

3. 故障处理

将漏抄表计 13 三相模块更换为对应 09 三相模块后，成功抄回。

4. 经验总结

三相电能表与模块版本型号分为 09 版本与 13 版本（即满足 Q/GDW 1356—2009《三相智能电能表型式规范》的电能表为 09 版，满足 Q/GDW 1356—2013《三相智能电能表型式规范》的电能表为 13 版），模块版本可以通过外观标注数字以及模块背后上方插口大小区别，宽口为 09 三相模块，窄口为 13 三相模块，电能表端可通过模块上方插槽开口大小区分，电能表版本型号需与模块版本型号对应。如果将 13 三相模块安装至 09 三相表计上会出现模块左边绿色 RXD 灯长亮无法抄读的现象。

【案例 4-2】表计进水

1. 故障描述

某供电公司台区漏抄 1 户，采集系统召测数据显示空值，表计参数无问题，档案正常，且不串台。

2. 故障分析

农网台区子表漏抄常见的原因如下:

（1）因雨雪天气导致表计进水。

（2）停电、断闸导致表计未供电。

（3）无人居住导致表计未安装或表丢。

3. 处理办法

运维人员前往现场后发现表箱门处于张开状态，电能表倒挂，表眼朝上，现场表计黑屏，屏幕进水，进行换表处理。

4. 经验总结

表计安装现场环境较差时要确保表箱门锁好，表箱损坏时及时更换，防止因天气等原因导致表坏。

【案例 4-3】表计烧毁故障

1. 故障描述

表计烧毁是由于端子接线端子的螺钉拧得不紧或者负荷过大而导致的。

2. 故障分析

表计烧毁问题常见的情况是因负荷过大引起的，如图 4-24 所示。

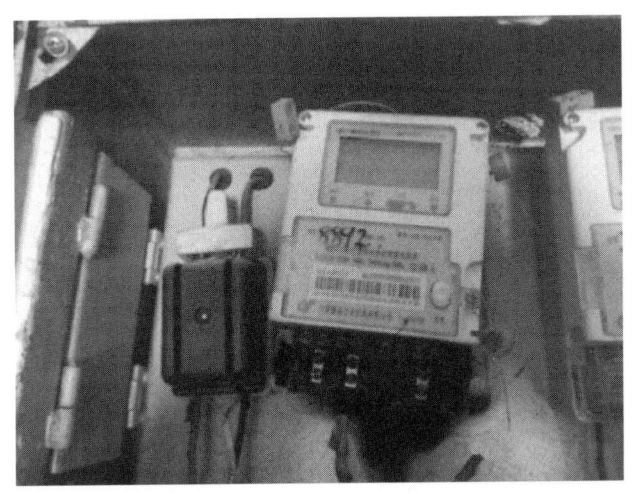

图 4-24　负荷过大导致表计烧毁

3. 经验总结

对于表计烧毁的问题唯一的解决办法就是换表。

【案例 4-4】电能表测量点错误导致

1. 故障描述

某供电公司某台区所有住户投诉发行电量与家中使用电量相差太多。

2. 故障分析

抄表员表示确实召测数据和现场示数不同，经运维人员排查是测量点与档案不符，导致抄读示数错误。

3. 故障处理

对电能表参数进行重新下发。

4. 经验总结

召测数据与现场不符时，多数应为参数问题，应优先通过采集系统处理参数问题。

【案例 4-5】表计清零故障

1. 故障描述

某供电公司，在 2015 年到 2016 年，有多次表计出现批量数据无法召回的现象，现场查看后，发现出现问题的表计通信地址全部变为 00000001，绝大多数表计电量也归零，通常将这种现象称为表计清零，如图 4-25 所示。

2. 处理办法

对于批量出现的清零表计，由于更换电能表成本较高，可以联系厂家人员对通信地址和电量进行恢复，并对该批次电能表程序进行升级，防止此类现象再次发生，对于个别台区零星出现的清零现象，也可以对出现清零的个别表计先行更换。

3. 经验总结

应与厂家确定该地区有多少表计存在该问题，做好预防性升级处理，防止此类现象的发生。

【案例 4-6】表计模块卡槽损坏

1. 故障描述

现场此表计漏抄是由于表计与载波模块通信故障而无法抄读。如图 4-26 所示为表计模块卡槽损坏。

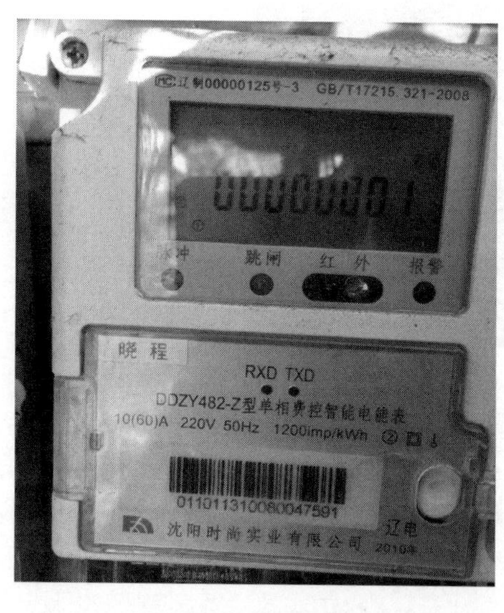

图 4-25　表计清零

图 4-26　表计模块卡槽损坏

2. 故障分析

如图 4-26 所示，现场由于电能表上牌端子排脱落导致表计无法与载波模块通信。

3. 故障处理

更换新电能表，保证电能表与载波模块的正常通信。

【案例 4-7】表计黑屏

1. 故障描述

某台区一块居民电能表无法采集，到达现场后发现现场表计黑屏，如图 4-27 所示。电能表表计黑屏造成无法采集数据。

2. 故障分析

电能表被采集最开始需要满足的一点就是表计正常，但是在长时间的使用过程中，会出现表计损坏的情况，如表计黑屏的情况。如果表计无法正常工作，当然无法实现正常采集。

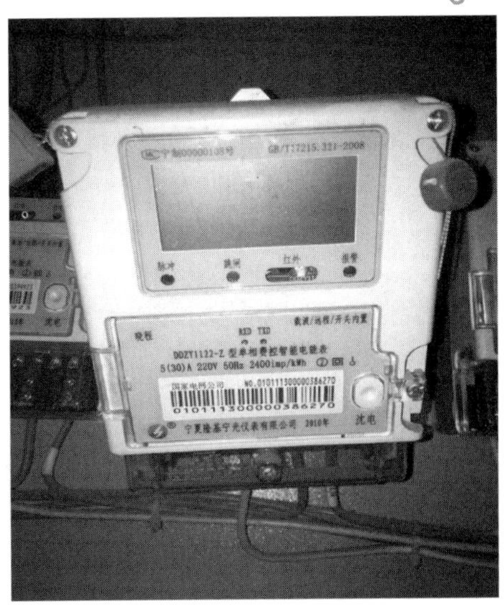

图 4-27　表计黑屏

3. 故障处理

电能表出现损坏可能是由于表计质量不过关或者操作不当或者后天人为破坏造成的，无法正常使用。对于此类问题只能通过更换电能表的方式来进行处理。

【案例 4-8】表计时钟错误

1. 故障描述

2016 年 10 月 25 日，某供电公司有 1 块表计可以在采集系统召回数据，但是召回数据与现场不符，采集系统召回有功总数据为 1237，现场实际用电已经达到 13465，前往现场进行查看后发现现场时钟错误，如图 4-28 所示。

图 4-28　时钟错误

2. 处理办法

由于该表计实际误差较大，现场时钟为 2013 年 5 月 8 日，无法通过对时进行解决，只能通过换表方式处理。

【案例 4-9】表内地址与铭牌资产地址不符

1. 故障描述

某用户相供电所投诉，称家里的电能表计量与自家用电量不符。经过运维人员现场排查，发现该用户和小区内另一用户电能表表内地址和铭牌地址串号。导致这两个用户家电量电费异常，如图 4-29 所示。

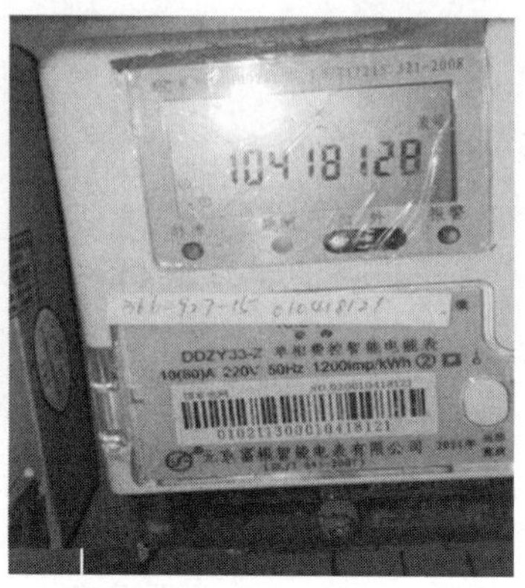

图 4-29　内部表号与铭牌不符

2. 处理办法

进行换表处理。

【案例 4-10】表内地址与铭牌资产地址不符

1. 故障描述

某供电公司有 1 户表计系统显示漏抄，无法抄读至此电能表，前往现场查看后，发现电能表内部表号和外部表号不一致。如图 4-30 所示。

图 4-30　内部表号与铭牌资产地址不符

电能表内部表号后 6 位为 419097，而外部表号后 6 位为 443560，内外不一致，并且采集系统上的表号为电能表外部表号。

2. 故障分析

此电能表在采集系统中的表号为外部表号，利用掌机分别输入 2 个表号进行现场抄读，发现这块表真正的通信表号应该为其内部表号。由于内外表号的差异以及真实通信地址与采集系统录入的通信地址的差异，造成了此表计的漏抄。

3. 故障处理

一块电能表只有在系统档案中录入的通信地址和现场表计真实的通信地址相吻合的情况下才能进行抄读，故对故障表计进行换表处理。

4. 经验总结

在日常电能表的维护中，最需要注意的就是电能表的表号，表号就相当由于电能表的身份证，所以在进行消缺的过程中，第一步要做的就是对照排查明细，比对系统表号、现场表号、现场表计内部表号是否一致。在日常电能表维护中遇到漏抄表计的第一个反应应该是表号是否正确。

【案例 4-11】表接线端子烧毁

1. 故障描述

排查采集失败表过程中，运维人员常发现表计接线端子烧毁导致载波通信不良的情况，如图 4-31 所示。

图 4-31　表接线端子烧毁

2. 故障处理

进行换表处理。

【案例 4-12】电能表内部通信模块故障

1. 故障描述

运维人员在处理台区散表漏抄时，发现表计时钟正确，表计 RXD 灯常亮，更换模块后依然常亮，使用掌机无法抄读表内数据，最后确定表计内部通信模块故障，表计显示如图 4-32 所示。

2. 故障处理

进行换表处理。

【案例 4-13】表计未接电源

1. 故障描述

某台区采集漏抄数较多，运维人员前往现场核实，发现该小区内多为出租房，部分房屋未租出去时，房东将表前空气开关拉闸，导致电能表无电。如图 4-33 所示。

2. 故障处理

安装表前、表后两个开关并将表前开关置于用户无法接触的位置。向用户宣传电能表的远程采集知识，告知用户不要私自停表前开关。

图 4-32　内部模块通信故障

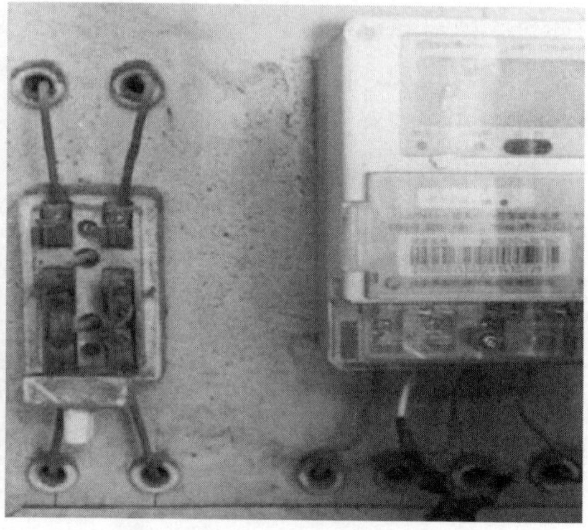

图 4-33　表前断电

【案例 4-14】表计接线错误

1. 故障描述

某台区线损处于“高线损”状态，采集成功率 100%，稽查部门认为台区可能存在窃电情况。

2. 故障分析

根据采集系统分析，发现台区存在 16 个零度表计，且安装在同一表箱内，故决定对这 16 个零度表计进行排查。工作人员现场核实，发现因为表箱内部接线布置错误，导致零线、相线位置交换。

2. 故障处理

重新处理表箱接线。

【案例 4-15】三相电能表因为接线不正确导致不能正常抄表

1. 故障描述

某供电公司 1 户漏抄表计进行排查，发现有部分商网表计不能正常传回数据，因此前往现场解决问题。

2. 故障分析

由于这些表之前都能正常采集回数据，但是不排除有采集系统参数问题的出现，经过对采集系统参数的查询，发现无问题，因此前往现场进行排查，可能是出现模块故障的问题。由于之前能正常采集，所以现场问题不存在台区归属错误问题，因此从电能表表端开始排查。

3. 故障处理

运维人员现场查看，三相电能表无问题，但是三相电能表接线出现问题，错误接线如图 4-34 所示。

从图 4-34 中可以看出该三相电能表的零线未接，因此需要重新接线，将零线接入，才可以正常抄读数据。

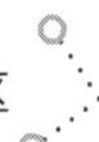

图 4-34　错误接线

4. 经验总结

三相电能表出现问题时，大部分可能出现的原因是所使用的抄读方案与现场表内抄读方案模块不同，或者表内模块出现故障，但是不排除会出现零线未接情况，零线不接同样也无法抄回数据。进行处理时要应当注意安全。

【案例 4-16】集中器安装错误导致数据采集故障

1. 故障描述

某供电公司进行旧表改造，两个台区新装集中器后均显示台区子表全部漏抄，且两台区集中器均在线。

2. 故障分析

采集系统对两个台区表计进行电能表参数召测，发现能够召测正确参数，但对当前示数进行召测发现结果为空值，怀疑是串台导致的。

3. 故障处理

运维人员现场查看，集中器在线，但现场集中器终端地址码互串。运维人员现场将两台集中器互换位置后，返回采集系统对两台区子表进行采集终端拆户和采集终端用户补装。

4. 经验总结

对于农网相邻台区，安装集中器时应观察地址码和所对应台区，避免集中器安装到错误位置。

【案例 4-17】台区负荷不匹配

1. 故障描述

金洲村金洲 7 号 1B、金洲 7 号 2B 和金洲 9 号 B3 个台区采集成功率不合格。该地区属于典型的城乡结合区域，有临街商铺、超市、菜市、住宅、停车场等，用电环境复杂，电费收取困难。

2. 故障分析

因临街商铺较多，负荷压力较大，台区长期频繁地调整负荷，怀疑成用户电能表与台区归属关系不匹配。采集运维人员决定使用重新核实台区负荷情况。

3. 故障处理

（1）变台下安装主机。本次待测试的金洲 7 号 1B 变台、金洲 7 号 2B 变台、金洲 9 号

B 变台位于地面配电室，该处高压出线安装了 4 台变压器，除本次测试的变台外还有一个专变。进入配电室后分别在变台集中器（考核总表）处安装主机，主机安装十分简单，只需要使用连接线取得 220V/380V 三相四线电压即可，台区识别现场如图 4-35 所示。

安装完成后设置主机编号分别为 1、2、3，测试时分机会直接显示该信息，如图 4-36 所示。

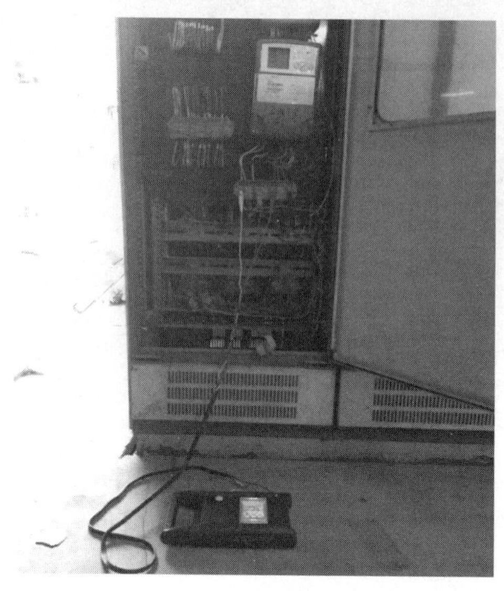

图 4-35 台区识别现场

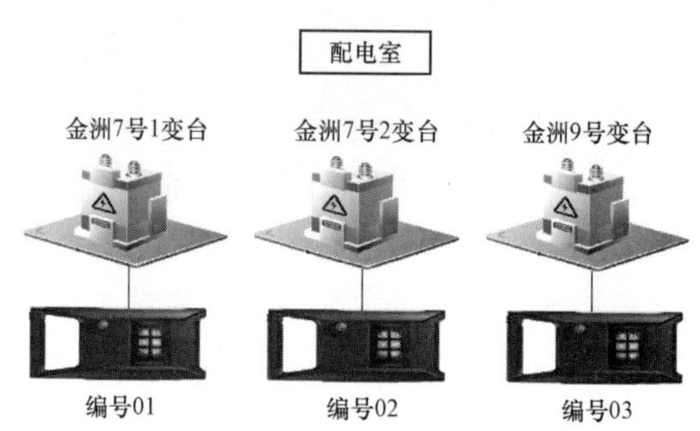

图 4-36 台区识别示意图

（2）分机安装。使用分机在用户楼道处、商铺处的电能表后空气开关或插座均可进行识别，设备使用液晶触摸屏操作，带有实体快捷按键，可实现一键快捷测试，测试现场如图 4-37、图 4-38 所示。

图 4-37 楼道出测试

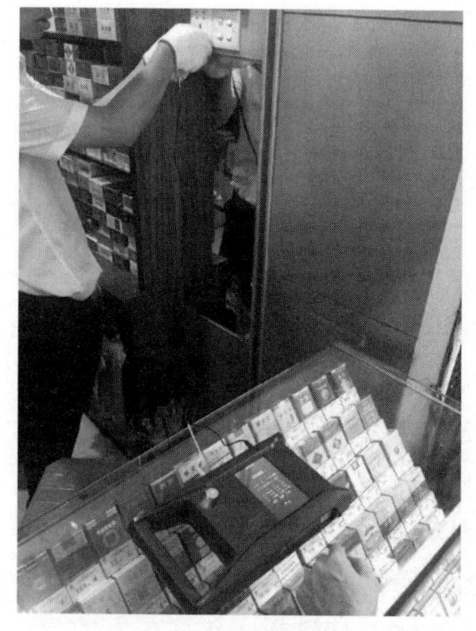

图 4-38 商户内测试

4. 处理结果

本次测试中识别出裕兴花园 7 栋、8 栋、9 栋存在档案串台问题，营销系统中该三栋用户系属于金洲 9 号变台，实际测试出属于金洲 7 号 1B 号变台。经过进一步的识别梳理，发现金洲旺兴街系金洲 7 号 2B 号变台，而并非是原档案的金洲 7 号 1B 号变台。经重新调整档案后，几个台区抄表成功率稳定在 100%，线损合格。

【案例 4-18】高层建筑负荷不匹配

1. 故障描述

某小区属于高层建筑，局维 1 号箱式变压器 1 号变压器（集中器终端地址码 210129938，台区电能表总数为 75 户）2 号变压器（终端地址码 210129706，台区电能表总数为 166 户）经常存在抄读不稳定的情况。工作人员使用电力线网络分析仪核实后仍未解决，且未测出台区噪声干扰。

2. 故障处理

将台区集中器和表计载波模块全部更换为鼎信方案，利用青岛鼎信通信股份有限公司特有的载波模块自动识别台区技术，准确分劈出台区负荷。具体操作如下：

（1）将 1、2 号台区共计 241 户子表档案通过采集系统全部下发至集中器 210129938 中，子表在向集中器上传电量数据时夹带监测到的台区归属信息。

（2）使用路由调试软件读出集中器 212129938 路由模块内保存的节点归属信息。

（3）筛选出不归属于此台区的节点对应电能表档案下发至集中器 210129706 中，等待该集中器抄表结束后。

（4）使用路由调试软件读出集中器路由模块内保存的节点归属信息。

3. 处理结果

将集中器路由模块中保存的节点归属信息读出之后，结果如下：

（1）归属于台区 212129938 的子表档案：96 户。

（2）归属于台区 212129706 的子表档案：145 户。

按照读取到的表计接电归属信息调整档案后，台区抄读稳定，线损合格。

【案例 4-19】多表合一采集串台区

1. 故障描述

某多表合一采集现场，采集智能水表数据，由于水表分布与电能表分布不同，并非按照供电台区进行分布，存在商网、物业等水表集中处于一处水井内的现象，如图 4-39 所示，此处水井附近电源由一箱式变压器带载，而商网、物业供电由另外一箱式变压器带载。因此在划分负荷档案时存在串台区现象，抄读不稳定或抄读不到。

2. 故障处理

使用台区区分仪对现场负荷进行划分后，确认带载负荷台区归属，调整采集档案，使采集水表的转换器所在台区与供电台区一致，实现正常采集。

【案例 4-20】多表合一采集表号错误

1. 故障描述

某多表合一采集现场，如图 4-40 所示，采集智能水表数据，依据自来水公司提供的水表档案建立采集档案，台区内共计水表 427 户，其中 5 户一直漏抄。转换器使用 CJ/T 188—2004《户用计量仪表数据传输技术条件》，RS485 总线方式接线，连接水表抄表终端，有水表抄表终端以微功率无线形式抄读水表数据。

图 4-39　多表合一现场 1

2. 故障处理

现场使用电脑 RS232 串口输出 T188 标准报文，经 RS232-485 转换器后转换为 RS485 报文输出给水表采集终端，无报文回复。查找到对应楼层对应电能表，发现水表已进行过更换，表号与原先不同。使用电脑再次按新抄录的表号编辑报文发送至水表采集终端，可正常回复。说明表号错误，与自来水公司进行二次核实，证实此表近期进行过更换。

3. 处理结果

更改采集系统档案，重新下发给集中器后，抄读正常。

图 4-40　多表合一现场 2

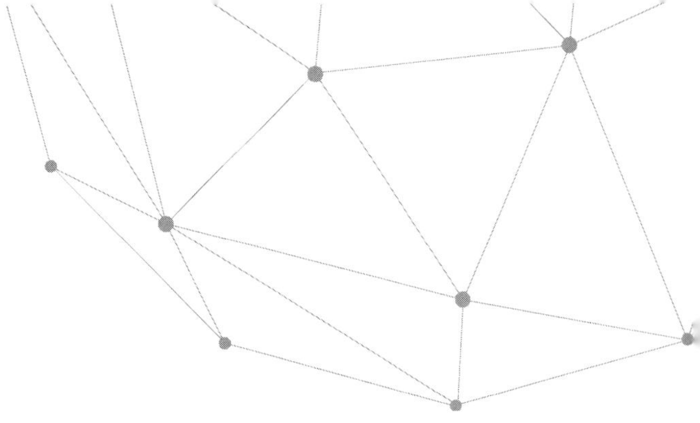

采集系统的拓展应用

采集系统的拓展应用，是指将用户电量自动采集作为电力公司电能电量计量计费、网损实时计算和分析、负荷管理、营销决策等方面的有力支撑，综合利用采集系统，使其能够满足智能考量计算的要求并实现资源共享，为供电企业的集约化管理提供有力支持；同时为用电客户提供方便快捷且丰富多样的用电服务，满足不同客户的用电需求，从而实现智能电网。

目前，采集系统拓展应用在用户用表远程费控、台区线损、精确对时三方面发展较为成熟。

5.1 采集系统拓展应用介绍

5.1.1 远程费控

远程费控是根据用户电费缴纳情况，对用户的电能表进行远程拉闸或合闸操作。拉闸和合闸的通信交互与远程充值类似，包括身份认证、拉闸（或合闸）、召测确认拉合闸状态三步。

一、远程费控的方式

1. “透传”方式远程费控

“透传”方式是将集中器作为一个透明通道，转发采集系统主站下发的电价参数设置命令给电能表，并将电能表的响应结果转发给采集系统主站。

“透传”方式远程费控的步骤如下：

（1）高级应用—费控管理—费控工况信息（电能表）。按照条件对需要停电的电能表进行筛选，进行保电解除，操作界面如图 5-1 所示。

（2）高级应用—费控管理—人工停送电。按照条件对需要停电的电能表进行筛选，进行停电或者送电的操作，操作界面如图 5-2 所示。

（3）高级应用—费控管理—费控工况信息（电能表）。按照条件对需要停电的电能表进行筛选，进行保电投入。

2. “透明任务”方式远程费控

主站将设置命令报文下发到集中器中，在集中器中建立任务队列，由集中器以“抄表”

的方式进行具体命令的下发执行。减少了主站与集中器之间的通信交互次数；避免了主站等待集中器命令响应、集中器等待下行通信模块响应等环节的配合问题，设置命令的执行方式与日数据抄读方式完全相同，因此理论上设置命令的执行成功率与日抄表成功率一致。

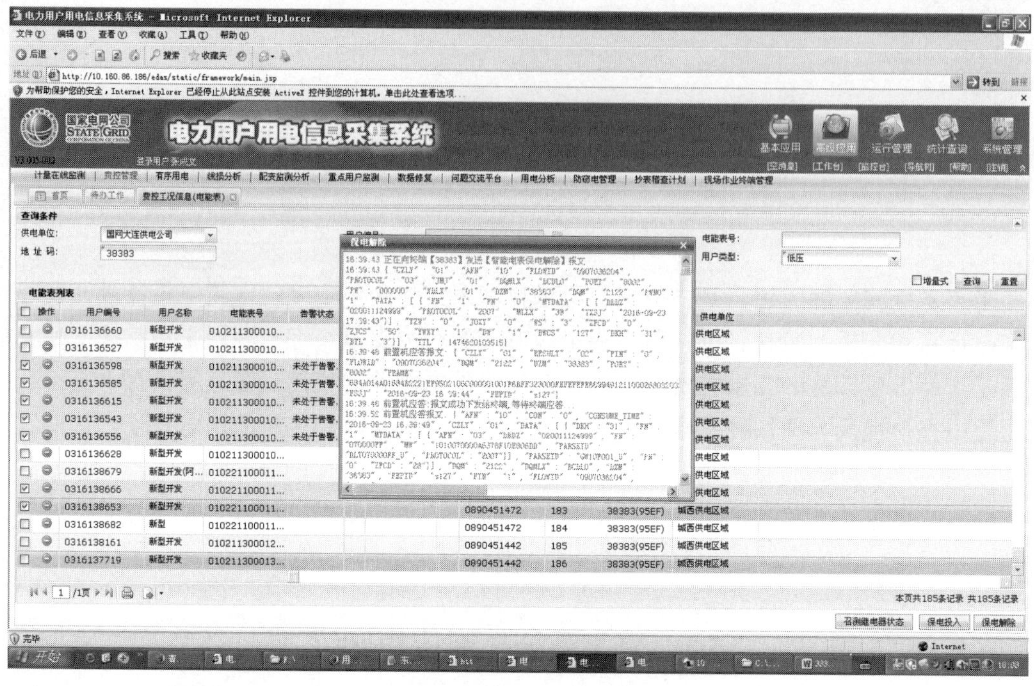

图 5-1　保电解除界面

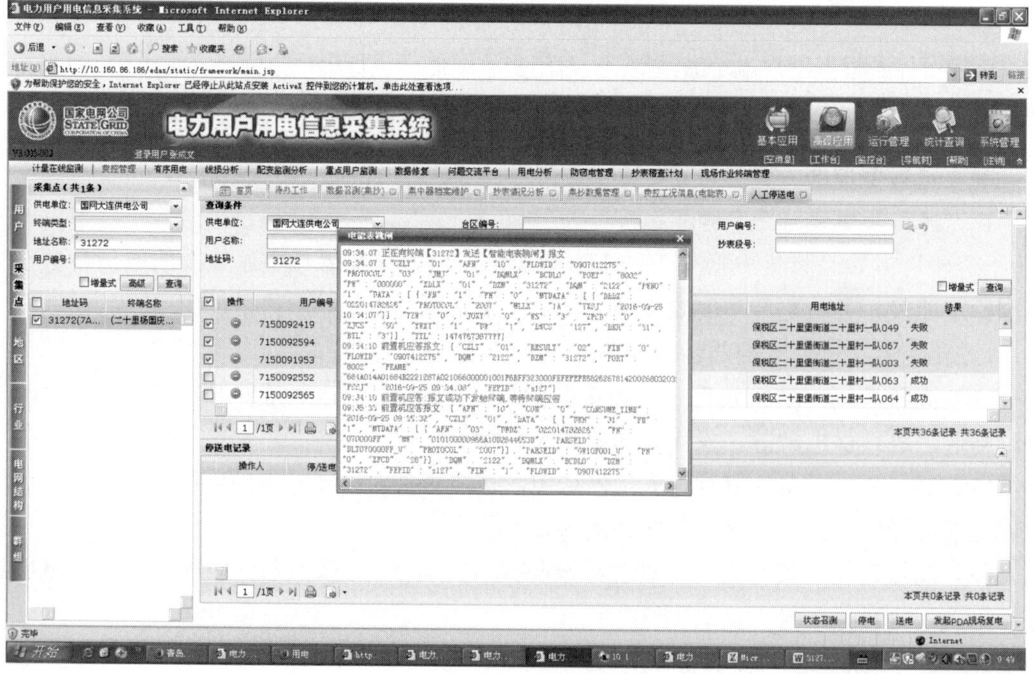

图 5-2　人工停送电界面

二、远程费控跳闸后电能表的状态

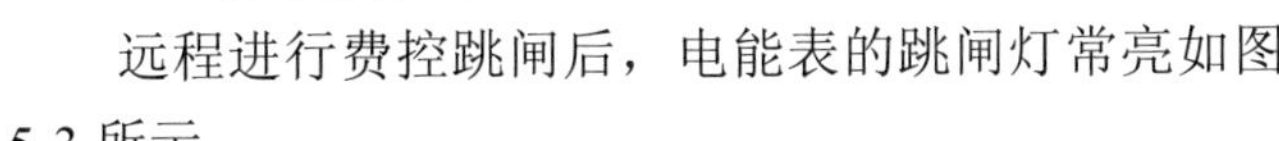

远程进行费控跳闸后，电能表的跳闸灯常亮如图 5-3 所示。

远程进行合闸后操作，根据电能表的不同会出现两种不同的状态：

（1）电能表的跳闸灯闪烁，需要到现场按键 3s 电能表合闸。

（2）电能表直接合闸。

图 5-3　远程费控跳闸电能表状态

5.1.2　台区线损

一、台区线损分类定义及指标定义

1. 台区线损分类

按照线路损失的性质，一般将公变台区线损分为以下五大类。

（1）理论线损：是根据供电设备的参数、电力网当时的运行方式和潮流分布以及负荷情况，由理论计算得出的线损。理论线损的降低需要改造线路或调整负荷分布。

（2）技术线损：指电网中线路或者用电设备在用电过程中，因为漏电而导致的电能损耗。

（3）管理线损：指由于电力公司在电力系统的管理过程中，在计量方面因人为因素、设备因素造成的管理不当或者设备故障而导致的线损，如计量错误、接线错误、TA 故障等原因导致的电能损耗。

（4）档案线损：指用户用表注册的营销台区与实际台区不符而导致的线损。

（5）窃电线损：指用户因窃电行为造成电能表无法对一部分电量进行计算，从而造成线损。

2. 台区线损指标定义

（1）营销台区总数：“营销业务应用系统”中公变运行台区个数。

（2）采集台区数：营销台区中智能电能表全覆盖、全采集的台区个数。

（3）台区覆盖率：采集台区数占营销台区总数的百分比。

（4）可计算台区数：采集台区中成功率达到 98%以上的台区个数。

（5）可计算率：可计算台区数占采集台区数的百分比。

（6）合格台区数：可计算台区线损率在 0～20%的台区个数。

（7）台区合格率：合格台区数占可计算台区数的百分比。

二、采集系统对台区线损的指标监控

采集系统中线损模块下有台区线损监测、台区线损统计、线损明细三个版块，作用如下：

（1）台区线损监测：监测各地市分中心每月、每日整体台区线损率，查询界面如图 5-4 所示。

（2）台区线损统计：监测各地市分中心每月、每日整体公变台区线损情况，查询界面如图 5-5 所示。

供电单位	1日	2日	3日	4日	5日	6日	7日	8日	9日	10日
├国网沈阳市沈北新区供电公司	75.93%	76.85%	77.21%	78.6%	75.81%	80.4%	80%	80.3%	76.44%	78.08
├国网辽中县供电公司	85.25%	86.69%	86.69%	88.27%	88.49%	87.84%	88.27%	89.03%	89.56%	90.56
├沈阳客户服务中心	86.8%	86.79%	87.14%	87%	87.01%	86.94%	86.85%	86.91%	86.44%	85.89
国网沈阳供电公司	88.01%	88.09%	88.41%	88.27%	88.11%	88.22%	88.21%	87.5%	87.29%	86.9%
├国网沈阳市于洪区供电公司	88.75%	88.44%	88.44%	88.44%	88.13%	88.13%	88.44%	88.75%	89.12%	88.99
├国网沈阳市苏家屯区供电公司	88.83%	88.64%	89.03%	88.95%	89.03%	88.95%	88.56%	88.52%	89.59%	88.28
├国网康平县供电公司	89.89%	90.22%	90.1%	88.95%	88.44%	88.76%	88.85%	88.72%	87.84%	87.71
├国网新民市供电公司	90.29%	90.65%	90.41%	89.45%	88.73%	89.93%	90.05%	81.48%	81.11%	80.76
├国网沈阳市东陵区供电公司	91.55%	91.32%	92.01%	92.01%	92.01%	91.55%	92.24%	92.58%	93.32%	93.33
├国网法库县供电公司	94.21%	93.44%	94.75%	93.88%	93.23%	93.44%	93.44%	92.45%	92.77%	92.62

图 5-4　国网某市供电公司各分中心 10 月份每日台区线损情况查询界面

	供电单位	营销台区总数	采集台区总数	台区覆盖率%	可计算台区数	可算率(%)	可计算台区				
							负线损(小于-5%)	负线损(-5%~0%)	高损台区	正常台区	(10%~15%)台
1	国网沈阳供电公司	29,928	11,581	38.70%	10192	88.01%	1007	349	2,710	6126	
2	├沈阳客户服务中心	16,494	5,696	34.53%	4944	86.80%	520	235	1,548	2641	
3	├国网沈阳市苏家屯区供电…	2,564	1,289	50.27%	1145	88.83%	187	35	306	617	
4	├国网新民市供电公司	2,561	834	32.57%	753	90.29%	22	16	273	442	
5	├国网沈阳市东陵区供电公司	1,110	438	39.46%	401	91.55%	40	15	116	230	
6	├国网辽中县供电公司	1,724	963	55.86%	821	85.25%	74	14	116	617	
7	├国网沈阳市于洪区供电公司	1,090	320	29.36%	284	88.75%	23	13	29	219	
8	├国网康平县供电公司	1,659	910	54.85%	818	89.89%	52	8	109	649	
9	├国网法库县供电公司	1,401	915	65.31%	862	94.21%	79	8	171	604	
10	├国网沈阳市沈北新区供电…	1,324	216	16.31%	164	75.93%	10	5	42	107	

图 5-5　国网某市供电公司各分中心公变台区 10 月 1 日线损情况查询界面

（3）线损明细：监测各地市分中心所有公变线路、台区的日线损情况，查询界面如图 5-6 所示。

三、利用采集系统提升台区线损的思路

1. 台区线损提升思路

第一步：提升台区覆盖率，就是需要台区智能电能表全覆盖、全采集。

第二步：提升可计算率，需要将台区成功率提升至 98%以上。

第三步：提升台区线损合格率。

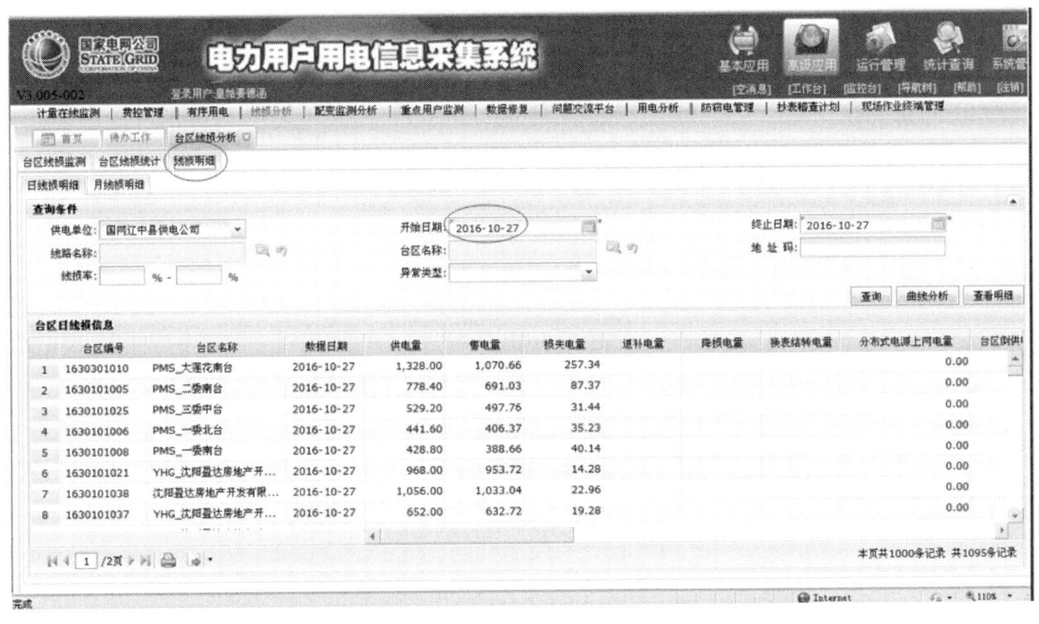

图 5-6 国网某市供电公司分中心 2016 年 10 月 27 日台区线损明细查询界面

目前，电力公司规定台区线损率在 0～20%时台区为线损合格台区，线损率在 20%以上的是高损台区，线损率在 0 以下的为负损台区。

常见的线损不合格原因说明框图如图 5-7 所示。

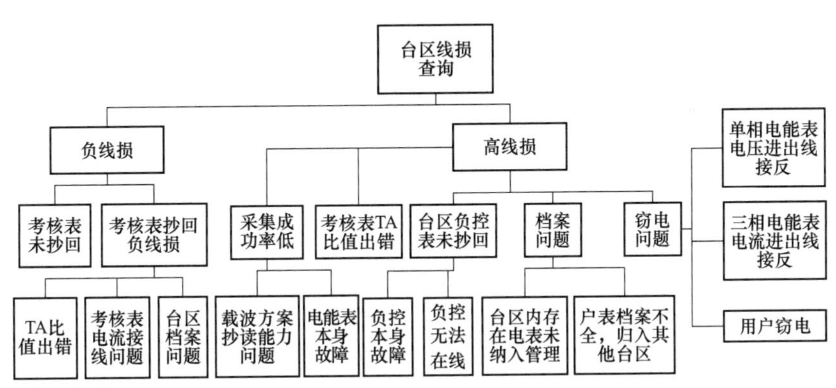

图 5-7 常见的线损不合格原因说明

2. 负损台区分析思路（如图 5-8 所示）

3. 高损台区分析思路（如表 5-1 所示）

表 5-1 线 损 分 析 思 路

台区线损大于 8%小于 20%			
序号	问题	描述	处理方式
1	电流接线问题	台区动力表电流进出线接反或者电流线虚接或者接线盒处电流线短路	恢复正常接线，并根据实际情况决定是否换表
2	电压接线问题	台区用户电表电压进出线接反	恢复正常接线并换表

续表

序号	问题	描　　述	处理方式
3	串台区问题	非本台区电表也被抄回	正确落实台区内电表，营销系统调档
4	台区电表漏抄	因档案问题、电表故障、载波模块故障、载波抄读能力差、台区噪声干扰等造成户表未能实现远程采集	根据现场实际情况做出正确应对
5	用户偷电	电表不计量或者用户私拉线	大量数据分析后确认疑似偷电用户现场排查并处理

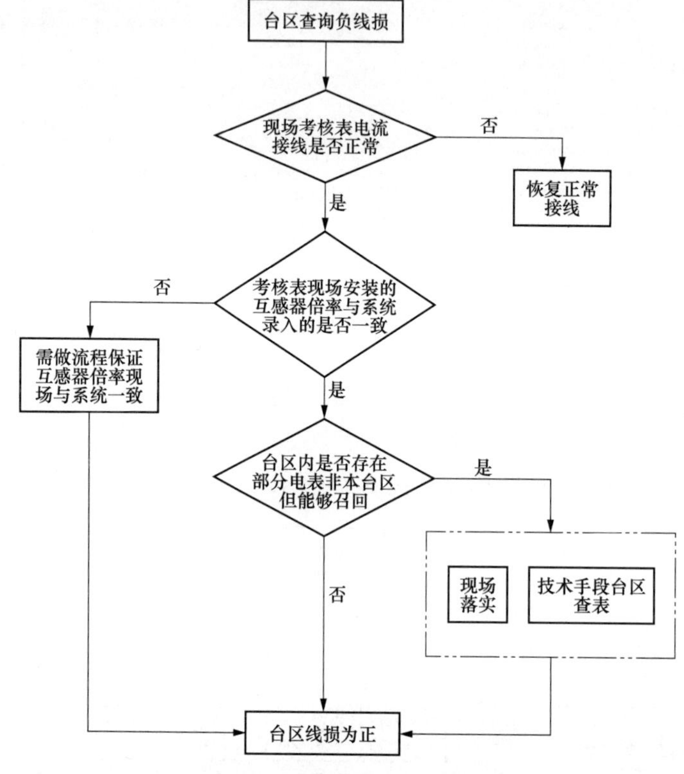

图 5-8　负损台区分析思路

4. 精确对时功能

由于采集系统之前的对时功能（即常规对时功能）存在通信延时而造成对时偏差、信道占用、对时成功率低等问题，从而发展出了精确对时拓展应用功能。

5.1.3　终端、电能表

一、终端、电能表常规对时操作方法

常规对时是指对时钟异常的终端及电能表通过主站人员手动操作的方式，下发终端、电能表对时命令，从而解决终端时钟错误问题。

1. 主站操作步骤

（1）采集系统—运行管理—时钟管理—终端对时—查询—终端对时。

（2）采集系统—运行管理—时钟管理—电能表对时—查询—校时。

2. 常规对时的特点

（1）常规对时命令优先级较高，属于“透传”形式，占用信道资源，在成批量操作时，影响采集成功率及其他命令下发。

（2）常规对时是主站作为发起一方，执行对时命令。

（3）常规对时对 09 或 13 集中器终端均可使用，对 09 或 13 电能表也均可使用。

（4）常规对时无法批量对终端进行对时操作，对时效率较低。

（5）常规对时最多可以同时对 1 个台区的智能电能表进行对时操作。

二、终端、电能表精确对时操作方法

1. 终端精确对时

（1）在电力用电采集主站的基本应用功能模块下的档案管理中查找终端档案维护进入专变档案的维护功能页面，在此页面中的其他参数一栏中包含专变精确对时参数，其界面如图 5-9 所示。

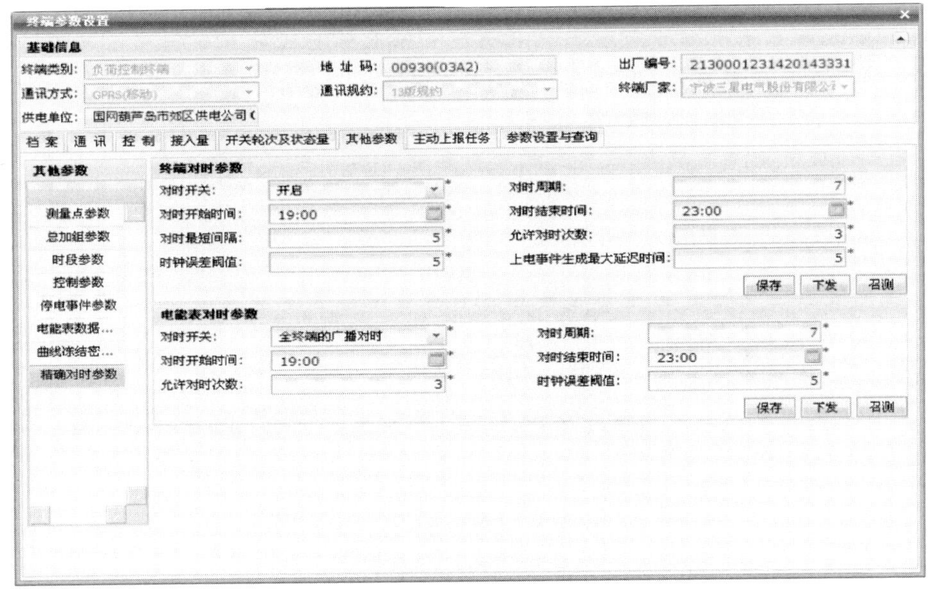

图 5-9　终端精确对时参数界面

（2）通过主站下发设置好的对时参数，使专变终端在特定的对时开始时间进行终端精确对时，待专变终端时间修正后，采用全终端的广播对时方式对专变终端连接的电能表进行广播对时，其界面如图 5-10 所示。

2. 电能表精确对时

（1）在用电信息采集主站的基本应用模块下的档案管理中查找集中器档案维护模块，在此模块下的参数设置模块中存在精确对时参数维护模块，如图 5-11 所示。

（2）在精确对时参数维护模块中存在终端对时参数设置和电能表参数设置两部分。结合电力公司现场实际情况，终端对时参数和电能表对时参数按图 5-12 所示的要求进行设置。

（3）主站通过下发参数，在到达对时开始时间时对集中器进行精确对时流程，完成集中器精确对时。在集中器将时间修正后，判断是否到达电能表对时开始时间，确认到达后开始对电能表进行全终端的广播对时。

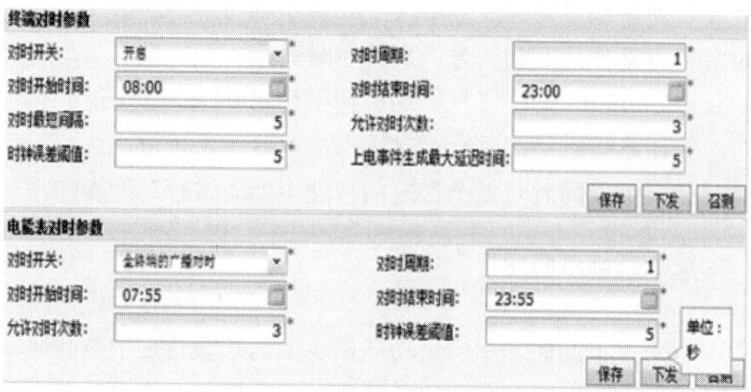

图 5-10 终端精确对时参数界面

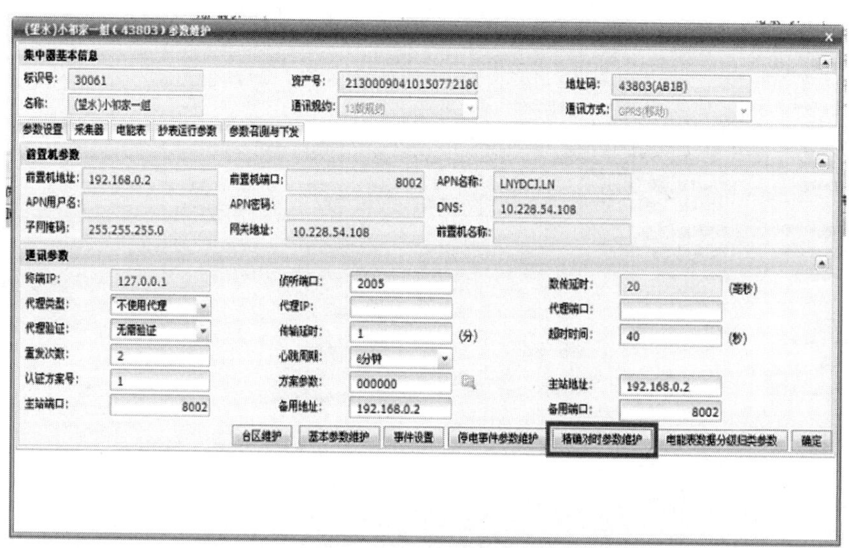

图 5-11 电能表精确对时参数基本信息界面

终端对时参数
对时开关：开启　对时周期：7
对时开始时间：19:00　对时结束时间：23:00
对时最短间隔：5　允许对时次数：3
时钟误差阈值：5　上电事件生成最大延迟时间：5
保存　下发　召测
电能表对时参数
对时开关：全终端的广播对时　对时周期：7
对时开始时间：19:00　对时结束时间：23:00
允许对时次数：3　时钟误差阈值：5
保存　下发　召测

图 5-12 电能表精确对时参数维护界面

3. 主站监控对时效果

（1）ERC51 校时记录事件情况：通过主站能否查询到产生 ERC51 判断终端是否继续了精确对时。

操作步骤：基本应用—数据采集管理—数据召测（集抄）—终端事件—按事件代码 ERC 请求事件数据，界面如图 5-13 所示。

图 5-13　精确对时事件记录

（2）F321 测量点时间误差情况：统计模块进行统计精确对时流程后，各个测量点的时间误差情况。

操作步骤：基本应用—数据采集管理—数据召测（集抄）—日冻结数据—测量点时间误差情况数量统计，界面如图 5-14 所示。

图 5-14　精确对时 F321

（3）F322 测量点时间误差情况：查询精确对时后各个测量点误差时间的具体明细。

操作步骤：基本应用—数据采集管理—数据召测（集抄）—日冻结数据—测量点时间

误差情况明细（所有测量点），界面如图 5-15 所示。

图 5-15　精确对时 F322

（4）时钟异常工单生成：当精确对时失败后，主站会自动生成时钟异常工单，由供电公司进行处理。

操作步骤：高级应用—计量在线监测—异常工单统计—工单查询—选择时钟异常—查询，界面如图 5-16 所示。

	供电单位	工单编号	工单状态	首次告警时间	末次告警时间	当前状态时间	异常类别	异常名称	异常日期
1	国网辽阳县供电公司	1000000000110134	派工	2017-05-07	2017-06-02	2017-05-27	时钟异常	电能表时钟异常	2017-06-02
2	辽阳客户服务中心	1000000000114200	派工	2017-05-07	2017-06-02	2017-06-02	时钟异常	电能表时钟异常	2017-06-02
3	辽阳客户服务中心	1000000000114201	归档	2017-05-14	2017-05-14	2017-05-30	时钟异常	电能表时钟异常	2017-05-14
4	国网辽阳市太子河...	1000000000113976	归档	2017-05-15	2017-05-15	2017-05-21	时钟异常	电能表时钟异常	2017-05-15

图 5-16　精确对时异常事件报告

4．精确对时的特点

（1）精确对时通过对终端下发设置参数，由终端自动执行对时命令，然后将对时结果上传至主站。

（2）精确对时是终端作为发起一方，通过广播命令执行对时操作。

（3）精确对时只可以对终端进行 5min 以内的对时操作。

（4）精确对时对满足 09 或 13 规约的终端均可使用，对 09 或 13 规约电能表也均可使用。

（5）精确对时可以批量对终端和电能表进行对时操作。

（6）当精确对时失败后，主站会自动生成时钟异常工单，由供电公司进行处理。

5.2　常见故障处理及案例分析

5.2.1　用户用电费控典型案例

【案例 5-1】“透传”方式远程费控

1．案例描述

用户宋某某，用户编号为 0311093832，因欠费问题需要对其进行停电处理。

2．采集系统操作

（1）按照用户编号等条件查找到需要断电的用户。

操作步骤：采集系统—高级应用—费控管理—费控工况信息（电能表），按照用户编号等条件查找到需要断电的用户，选择“保电解除”按钮，界面如图 5-17 所示。

图 5-17　用户查询界面

（2）下发停电命令。

操作步骤：高级应用—费控管理—人工停送电，界面如图 5-18 所示。

图 5-18　人工停送电界面

注：终端回复确认后现场电能表断电，电能表上的跳闸灯常亮，屏幕显示跳闸字样。

（3）按照用户编号等条件查找到需要送电的用户，并下发送电命令。

操作步骤：高级应用—费控管理—人工停送电。

注：送电后电能表的跳闸灯闪烁，按键3s后合闸，跳闸灯不亮，如图5-19所示。

图5-19　表计操作

（4）返回“费控工况信息（电能表）”页面进行保电投入。

【案例5-2】“透明任务”方式远程费控

1. 案例描述

选取黑石北亭315户进行全台区保电解除；选取兴达花园1号变电亭50户、412号变电亭55户，进行保电解除；选择出来的测试户均具备中继级别，其他户为直抄户。选取广富干94号变台33户进行远程跳合闸。

2. 台区情况

（1）台区名称：黑石北亭；台区隶属：市内分中心；台区户数：315户。

（2）台区名称：兴达花园1号变电亭；台区隶属：城西分中心；台区户数：499户。

（3）台区名称：412号变电亭；台区隶属：城西分中心；台区户数：184户。

（4）台区名称：广富干94号变台；台区隶属：某新区供电公司；台区户数：42户。

这些台区基本是老旧小区，其中，广富干94号变台是农村台区。这些台区较复杂，日冻结抄读最高中继级别为3级。

3. 系统操作

远程跳合闸的基本步骤是：主站发送身份认证指令—表计确认—主站发送跳合闸指令—表计确认。

保电解除的基本步骤是：主站发送身份认证指令—表计确认—主站发送保电解除指令—表计确认。因此，保电解除的测试方法与跳合闸的测试方法具有同等的功效。

4. 结果统计

（1）对黑石北亭、兴达花园1号变电亭、412号变电亭等3个台区，分别进行了3次

保电解除，结果如表 5-2 ~ 表 5-4 所示。

表 5-2　　第一次保电解除

序号	台区名称	地址码	任务名称	台区总户数	操作户数	使用方案	总用时（分钟）	平均用时（分钟）	成功率	测试日期
1	黑石北亭	58277	保电解除	315	315	透明任务	109	0.35	100%	9 月 23 日
2	兴达花园 1 号亭	38233	保电解除	499	50	透明任务	39	0.78	100%	
3	412 号变电亭	38383	保电解除	184	55	透明任务	81	1.47	100%	

表 5-3　　第二次保电解除

序号	台区名称	地址码	任务名称	台区总户数	测试户表数	使用方案	总用时（分钟）	平均用时（分钟）	成功率	测试日期
1	黑石北亭	58277	保电解除	315	315	透明任务	88	0.28	100%	9 月 23 ~ 24 日
2	兴达花园 1 号亭	38233	保电解除	499	50	透明任务	71	1.42	100%	
3	412 号变电亭	38383	保电解除	184	55	透明任务	52	0.95	100%	

表 5-4　　第三次保电解除

序号	台区名称	地址码	任务名称	台区总户数	测试户表数	使用方案	总用时（分钟）	平均用时（分钟）	成功率	测试日期
1	黑石北亭	58277	保电解除	315	315	透明任务	113	0.36	100%	9 月 24 ~ 25 日
2	兴达花园 1 号亭	38233	保电解除	499	50	透明任务	72	1.44	100%	
3	412 号变电亭	38383	保电解除	184	55	透明任务	65	1.18	100%	

（2）使用“透明任务”方式对广富干 94 号变台进行两次跳、合闸操作，结果如表 5-5 所示。

表 5-5　　广富干 94 号变台两次跳、合闸操作结果

次序	台区名称	地址码	任务名称	台区总户数	测试户表数	使用方案	总用时（分钟）	平均用时（分钟）	失败户数	成功率	测试日期
第一次	广富干号 94	31272	跳闸	42	3	透明任务	14	4.67	0	100%	9 月 25 日
第二次	广富干号 94	31272	合闸	42	33	透明任务	24	0.73	0	100%	9 月 25 日

“透明”任务模式历次测试成功率均为 100%。

5.2.2　台区线损典型案例

【案例 5-3】档案错误

1. 异常现象

某供电公司某分中心丰泽家园二期 1 号台区 0420224115 线损率连续数日异常增大，同时相邻的丰泽家园二期 2 号台区 0420224116 的线损率明显较低甚至出线负值，台区之间线损率呈现“此消彼长”的互补现象，具体信息如表 5-6 所示。

表 5-6　　2016 年 8 月 21～24 日丰泽家园二期 1、2 号台区线损情况

台区编号	台区名称	数据日期	供电量	售电量	损失电量	线损率（%）	异常类型
0420224115	PMS_丰泽家园二期 1 号变压器	2016-8-21	1004.61	630.8	373.81	39.13	未安装总表
0420224116	PMS_丰泽家园二期 2 号变压器	2016-8-21	641.25	908.31	−267.06	−41.65	负线损（小于−5%）
0420224115	PMS_丰泽家园二期 1 号变压器	2016-8-22	861.39	540.87	320.52	37.21	未安装总表
0420224116	PMS_丰泽家园二期 2 号变压器	2016-8/22	550.2	875.81	−325.61	−59.18	负线损（小于−5%）
0420224115	PMS_丰泽家园二期 1 号变压器	2016-8-23	884.55	542.33	342.22	38.69	线损率大于 30%
0420224116	PMS_丰泽家园二期 2 号变压器	2016-8-23	551.85	847.87	−296.02	−53.64	负线损（小于−5%）
0420224115	PMS_丰泽家园二期 1 号变压器	2016-8-24	848.1	537.87	310.23	36.58	线损率大于 30%
0420224116	PMS_丰泽家园二期 2 号变压器	2016-8-24	548.25	817.05	−268.8	−49.03	负线损（小于−5%）

2. 异常原因

经运维人员现场核实，发现配变台区现场公用变压器与所供用户（简称“变与户”）对应关系不清晰。怀疑由于现城市台区低压线路多数采用地埋电缆，线路走向比较隐蔽，而老台区原电缆因故未挂标识牌或没有更新标识牌，一旦各分表需要变更台区，容易因原始资料不全或电缆标识不清晰，没有正确区分配电变压器与户表的隶属关系。营销系统未及时根据实际“变与户”变动而更新相应信息，使营销系统保存的“变与户”对应资料与实际不符，造成线损统计出现偏差，情况如表 5-7 所示。

表 5-7　　丰泽家园二期 1、2 号台区负荷情况

台区编号	台区名称	台区考核表	营销系统台区负荷情况	实际台区负荷情况
0420224115	PMS_丰泽家园二期 1 号变压器	210110000002465434	和平区玉屏一路 1-2 号、1-3 号、1-4 号	和平区玉屏一路 1-3 号、1-4 号、1-5 号
0420224116	PMS_丰泽家园二期 2 号变压器	210110000002464175	和平区玉屏一路 1-5 号、1-6 号	和平区玉屏一路 1-2 号、1-6 号

3. 解决方法

对线损异常台区开展“变与户”对应关系的检查与核对。调用营销系统台区用户信息资料与原始资料核对，并与现场实际采样核对，在营销系统内根据现场采样结果进行更改用户信息，也可根据线路走向或地下电缆标识牌的指示逐一排查，必要时也可通过“停电法”加以识别。现场核对确认后，及时做好记录，正确无误后录入营销系统，切实做好台区基础资料的管理工作。调整档案后丰泽家园二期 1、2 号台区线损情况如表 5-8 所示。

表 5-8 2016 年 8 月 25 日调整档案后丰泽家园二期 1、2 号台区线损情况

台区编号	台区名称	数据日期	供电量	售电量	损失电量	线损率（%）	异常类型
0420224115	PMS_丰泽家园二期 1 号变压器	2016-8-25	519.9	509.66	10.24	1.97	正常线损
0420224116	PMS_丰泽家园二期 2 号变压器	2016-8-25	787.65	759.08	28.57	3.63	正常线损
0420224115	PMS_丰泽家园二期 1 号变压器	2016-8-26	513.75	504.41	9.34	1.82	正常线损
0420224116	PMS_丰泽家园二期 2 号变压器	2016-8-26	801.15	767.57	33.58	4.19	正常线损
0420224115	PMS_丰泽家园二期 1 号变压器	2016-8-27	536.85	528.05	8.8	1.64	正常线损
0420224116	PMS_丰泽家园二期 2 号变压器	2016-8-27	803.25	762.28	40.97	5.1	分表漏抄

【案例 5-4】考核表总表问题

1. 异常现象

某供电公司某分中心金豪大厦 2 号变压器台区 0415214103 线损异常。用电信息采集系统采集到的台区考核表电量远小于台区售电量，其线损情况如表 5-9 所示。

表 5-9 2016 年 7 月 14～20 日金豪大厦 2 号变压器台区线损情况

台区编号	台区名称	数据日期	供电量	售电量	损失电量	线损率（%）	异常类型
0415214103	PMS_金豪大厦 2 号变压器	2016-7-14	0.16	324.3	–324.14	–202587.5	负线损（小于–5%）
0415214103	PMS_金豪大厦 2 号变压器	2016-7-15	0.16	300.83	–300.67	–187918.75	负线损（小于–5%）
0415214103	PMS_金豪大厦 2 号变压器	2016-7-16	0.32	292.26	–291.94	–91231.25	负线损（小于–5%）
0415214103	PMS_金豪大厦 2 号变压器	2016-7-17	0.16	291.45	–291.92	–182056.25	负线损（小于–5%）
0415214103	PMS_金豪大厦 2 号变压器	2016-7-18	0.18	361.98	–361.8	–201000	负线损（小于–5%）
0415214103	PMS_金豪大厦 2 号变压器	2016-7-19	0.48	366.5	–366.02	–76254.17	负线损（小于–5%）
0415214103	PMS_金豪大厦 2 号变压器	2016-7-20	0.27	379.09	–378.82	–140303.70	负线损（小于–5%）

2. 异常原因

经运维人员根据用电信息采集系统数据分析发现，台区考核表的有功总功率 24 点数据为负值，其中 A 相功率为正、B 相功率为负、C 相功率为负；三相电压值正常；A 相电流为正、B 相电流为负、C 相电流为负，如表 5-10～表 5-12 所示。最终判断台区线损不合格是因为考核表接线错误导致。

表 5-10 金豪大厦 2 号变压器台区 24 点功率部分数据

用户编号	台区名称	电表表号	数据日期	相序类型	0 时	1 时	2 时	3 时	4 时
8146427226	PMS_金豪大厦 2 号变压器	2130009040101044493188	2016-07-18	有功总功率	–0.0055	–0.0053	–0.0027	–0.0029	–0.0029

续表

用户编号	台区名称	电表表号	数据日期	相序类型	0时	1时	2时	3时	4时
8146427226	PMS_金豪大厦2号变压器	2130009040101044493188	2016-07-18	A相功率	0.0084	0.0062	0.0074	0.0058	0.0058
8146427226	PMS_金豪大厦2号变压器	2130009040101044493188	2016-07-18	B相功率	−0.0012	−0.0152	−0.0229	−0.0191	−0.0312
8146427226	PMS_金豪大厦2号变压器	2130009040101044493188	2016-07-18	C相功率	−0.0137	−0.0113	−0.0098	−0.0085	−0.0086

表5-11　　金豪大厦2号变压器台区24点电压部分曲线

用户编号	台区名称	电表表号	数据日期	相序类型	0时	1时	2时	3时	4时
8146427226	PMS_金豪大厦2号变压器	2130009040101044493188	2016-07-18	A相	227.5	225.5	226.1	226.4	226.4
8146427226	PMS_金豪大厦2号变压器	2130009040101044493188	2016-07-18	B相	228.5	225.9	226.6	226.8	226.7
8146427226	PMS_金豪大厦2号变压器	2130009040101044493188	2016-07-18	C相	227.1	224.8	225.3	225.8	225.7

表5-12　　金豪大厦2号变压器台区24点电流部分曲线

用户编号	台区名称	电表表号	数据日期	相序类型	0时	1时	2时	3时	4时
8146427226	PMS_金豪大厦2号变压器	2130009040101044493188	2016-07-18	A相	0.061	0.064	0.053	0.056	0.06
8146427226	PMS_金豪大厦2号变压器	2130009040101044493188	2016-07-18	B相	−0.008	−0.008	−0.008	−0.007	−0.007
8146427226	PMS_金豪大厦2号变压器	2130009040101044493188	2016-07-18	C相	−0.062	−0.051	−0.044	−0.039	−0.039

3. 解决方法

皇姑供电公司计量班对台区考核表接线情况进行核实，发现考核表B、C相电流线接反向，A、B相电压线串相，重新调整后线损恢复合格，调整后数据如表5-13所示。

表5-13　　2016年10月20日接线调整后金豪大厦2号变压器台区线损情况

台区编号	台区名称	数据日期	供电量	售电量	损失电量	线损率（%）	异常类型
0415214103	PMS_金豪大厦2号变压器	2016-7-21	350.88	347.15	3.73	1.06	正常线损
0415214103	PMS_金豪大厦2号变压器	2016-7-22	318.24	314.74	3.5	1.10	正常线损
0415214103	PMS_金豪大厦2号变压器	2016-7-23	337.44	333.76	3.68	1.09	正常线损
0415214103	PMS_金豪大厦2号变压器	2016-7-24	362.24	358.1	4.14	1.14	正常线损
0415214103	PMS_金豪大厦2号变压器	2016-7-25	401.6	397.37	4.23	1.05	正常线损
0415214103	PMS_金豪大厦2号变压器	2016-7-26	343.52	339.87	3.65	1.06	正常线损

续表

台区编号	台区名称	数据日期	供电量	售电量	损失电量	线损率（%）	异常类型
0415214103	PMS_金豪大厦 2 号变压器	2016-7-27	357.92	354.07	3.85	1.08	正常线损
0415214103	PMS_金豪大厦 2 号变压器	2016-7-28	404.32	400.04	4.28	1.06	正常线损

用电信息采集系统能更高频度的进行数据采集，满足线损分析及时性的需要，能使采集运维人员及时发现影响线损异常的症结并采取相关措施，进一步提升了线损精细化管理水平。

【案例 5-5】变压器电流互感器变比错误

1. 异常现象

某供电公司某分中心台区 0002207910 线损异常。用电信息采集系统采集到的台区考核表电量小于台区售电量 10%以上，线损情况如表 5-14 所示。

表 5-14　　2016 年 7 月 14 日至 27 日金豪大厦 2 号变压器台区线损情况

台区编号	台区名称	数据日期	供电量	售电量	损失电量	线损率(%)	异常类型
0002207910	14xcE28M	2016-9-13	302.4	336.6	–34.2	–11.31	负线损（小于–5%）
0002207910	14xcE28M	2016-9-14	308.8	338.09	–29.29	–9.49	负线损（小于–5%）
0002207910	14xcE28M	2016-9-15	292.8	335.62	–42.82	–14.62	负线损（小于–5%）
0002207910	14xcE28M	2016-9-16	304.8	356.53	–51.73	–16.97	负线损（小于–5%）
0002207910	14xcE28M	2016-9-17	283.2	329.59	–46.39	–16.38	负线损（小于–5%）

2. 异常原因

运维人员发现台区考核表的 24 点有功总功率曲线、三相电压曲线、三相电流曲线中未见明显异常，又因为台区是独立台区，最终怀疑台区线损不合格是因为 TA 变比错误导致。

3. 解决方法

某市供电公司计量班对台区 TA 变比情况进行核实，发现现场 TA 变比为 500/5，与营销系统登记的 TA 变比 400/5 不符，重新调整后线损合格，如表 5-15 所示。

表 5-15　　2016 年 7 月 17 日调整后金豪大厦 2 号变压器台区线损情况

台区编号	台区名称	数据日期	供电量	售电量	损失电量	线损率(%)	异常类型
0002207910	14xcE28M	2016-9-18	364	338.14	25.86	7.1	正常线损
0002207910	14xcE28M	2016-9-19	387	344.44	42.56	8.22	正常线损
0002207910	14xcE28M	2016-9-20	389	350.45	38.55	9.91	正常线损
0002207910	14xcE28M	2016-9-21	379	344.22	34.78	9.18	正常线损
0002207910	14xcE28M	2016-9-22	364	333.94	30.06	8.26	正常线损

【案例 5-6】台区重点户分表漏抄

1. 异常现象

某市供电公司盛发花园小区 1 号台区，台区线损为高损，采集成功率 99%以上。

2. 异常原因

运维人员分析发现，台区用户 0256962318 漏抄，其用电能表计为三相配比表，表计TA综合倍率为60。

3. 解决方法

运维人员现场处理后，主站成功采集数据，台区线损合格。

【案例 5-7】台区三相电能表电流线接反

1. 异常现象

某市供电公司雅宾利2号箱式变压器1号台区，台区线损在21%上下浮动，采集成功率保持在100%以上。

2. 异常原因

运维人员核实现场台区负荷后，未发现台区串台现象，故对台区6块三相电能表和9块零度表进行核实，发现台区1户三相表计B相电流线接反，电能表的异常显示如图5-20所示。

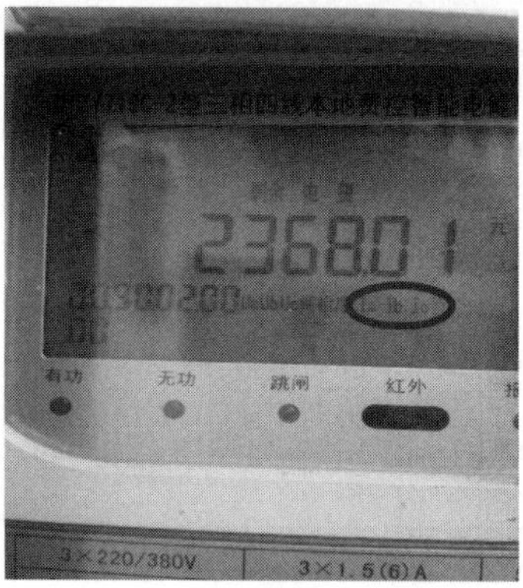

图 5-20 电能表异常显示

3. 解决方法

计量部门重新调整表计接线后，台区线损合格。

5.2.3 精确对时典型案例

【案例 5-8】终端常规对时案例分析

1. 案例描述

采集系统筛查出某市供电公司用户（用户编号0257010887）终端时钟异常，时钟偏差335s，采集系统筛查界面如图5-21所示。

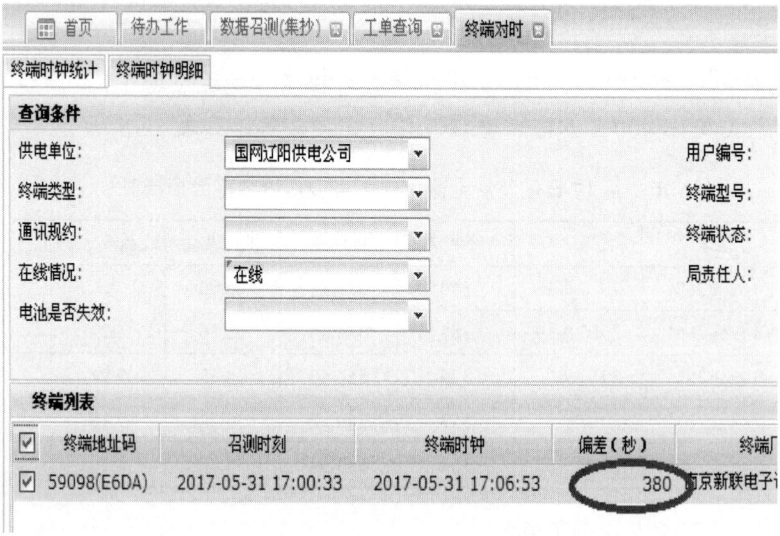

首页 | 待办工作 | 数据召测(集抄) | 工单查询 | 终端对时

终端时钟统计 | 终端时钟明细

查询条件

供电单位: 国网辽阳供电公司　　用户编号:

终端类型:　　终端型号:

通讯规约:　　终端状态:

在线情况: 在线　　局责任人:

电池是否失效:

终端列表

	终端地址码	召测时刻	终端时钟	偏差(秒)	终端厂
☑	59098(E6DA)	2017-05-31 17:00:33	2017-05-31 17:06:53	380	南京新联电子

图 5-21 终端时钟偏差

2. 对时操作

主站人员对该终端表计下发常规对时命令，如图 5-22 所示。

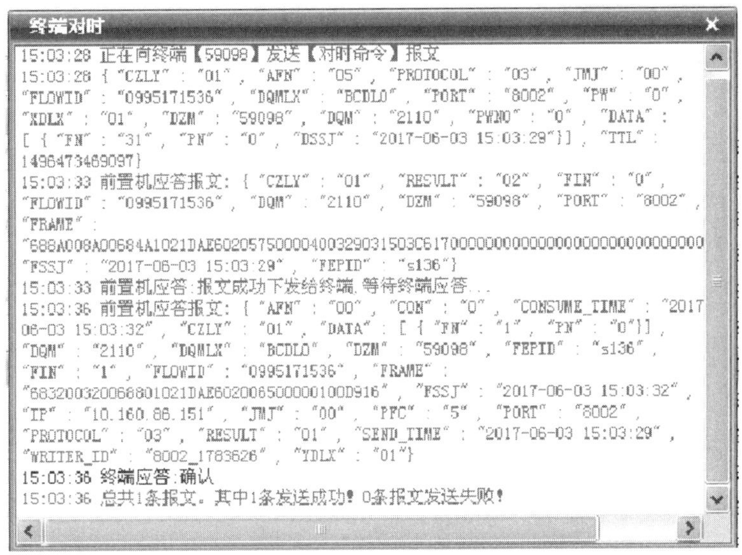

图 5-22　终端常规对时

3. 效果监控

待终端表计确认后，重新召测时钟正常，再次查询时钟偏差为 16s，如图 5-23 所示。

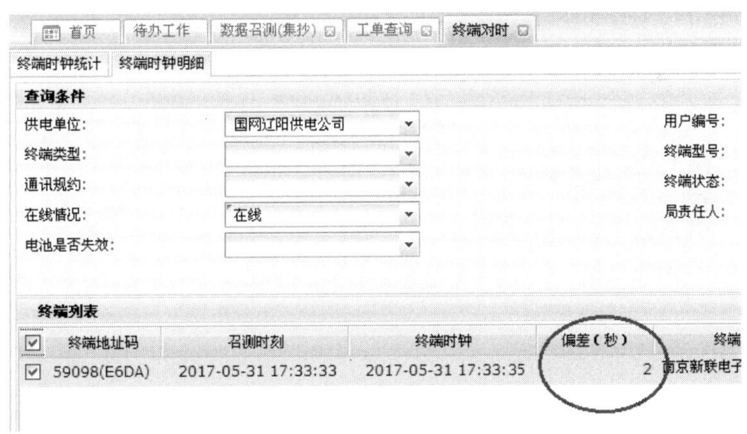

图 5-23　终端常规对时

4. 经验总结

终端常规对时后时钟偏差较大，而此段时间内因常规对时命令优先级较高的原因，将会持续占用 GPRS 通信信道，若大批量的常规对时会影响其他数据采集质量。

【案例 5-9】电能表常规对时案例分析

1. 案例描述

采集系统筛查出某市供电公司用户（用户编号 8416536739）电能表时钟异常，时钟偏差 313s，采集系统筛查界面如图 5-24 所示。

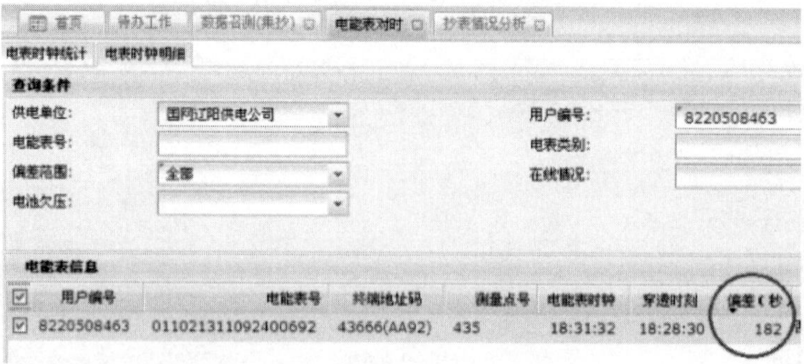

图 5-24　电能表时钟偏差界面

2. 对时操作

主站人员对该电能表下发常规对时命令，如图 5-25 所示。

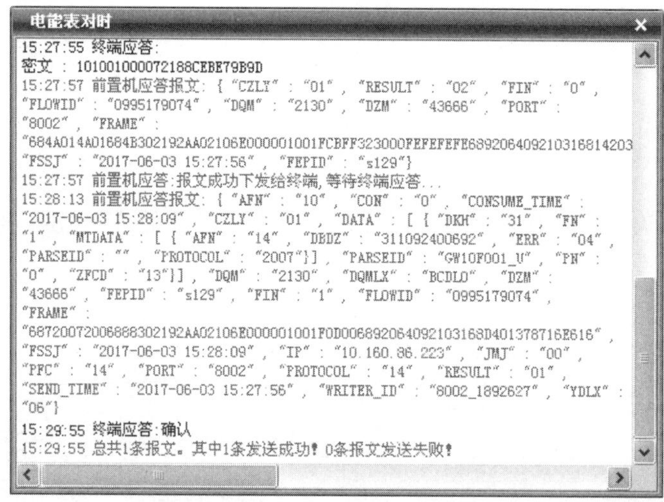

图 5-25　电能表常规对时命令

3. 效果监控

待表计确认后，重新召测时钟正常，再次查询时钟偏差为 17s，界面如图 5-26 所示。

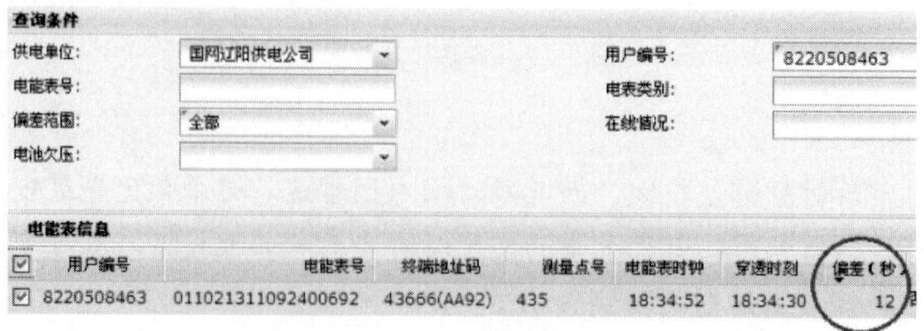

图 5-26　电能表对时偏差

4. 经验总结

电能表常规对时占用 GPRS 通信信道、载波通信信道，完全的暂时中止了集中器抄表过程，若同台区内大量电能表集中对时，势必影响台区采集成功率指标。

【案例 5-10】终端精确对时案例分析

1. 案例描述

某供电公司对某专变台区（地址码 210265131）进行精确对时操作。

2. 对时操作

主站人员对集中器 210265131 下发主站精确对时设置参数，界面如图 5-27 所示。

图 5-27　终端精确对时参数设置界面

3. 效果监控

通过主站反馈报文及确认信息，观测监控精确对时效果，界面如图 5-28 所示。

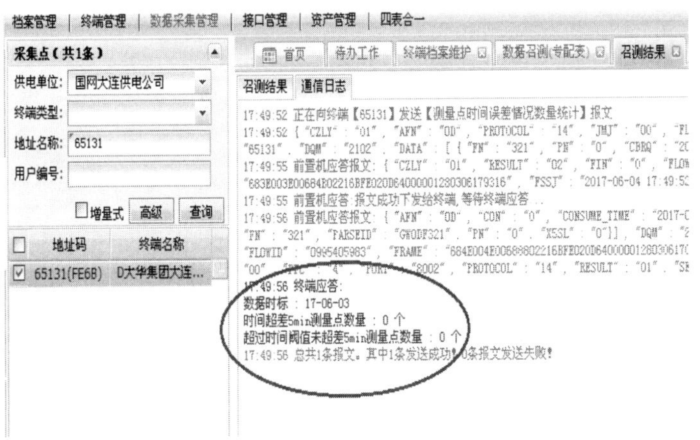

图 5-28　F321 测量点时间误差情况

4. 经验总结

通过主站对专变用户设置精确对时参数，从而顺利完成专变用户与主站自动对时，且精确对时效果良好。

【案例 5-11】电能表精确对时案例分析

1. 案例描述

某供电公司对金豪大厦 2 号台区（地址码 210110062）进行精确对时操作。

2. 对时操作

主站人员对集中器 210110062 下发主站精确对时设置参数，界面如图 5-29 所示。

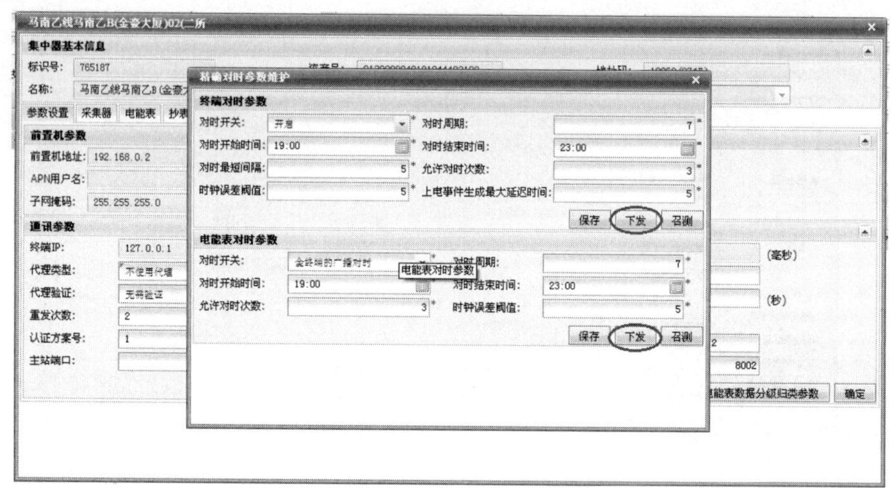

图 5-29　电能表精确对时参数设置界面

3. 效果监控

（1）ERC51（校时记录事件情况）记录界面如图 5-30 所示。

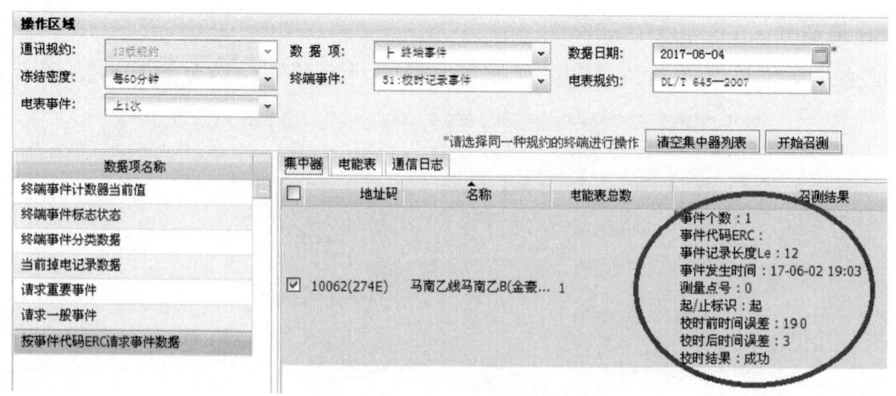

图 5-30　校时记录事件情况界面

（2）F321（测量点时间误差情况），记录界面如图 5-31 所示。

（3）F322（测量点时间误差情况），记录界面如图 5-32 所示。

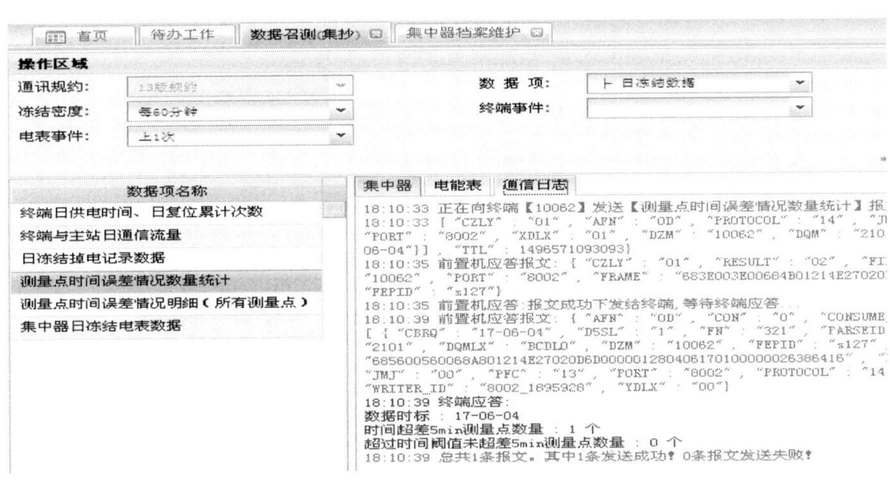

图 5-31 电能表测量点 F321 时间误差记录界面

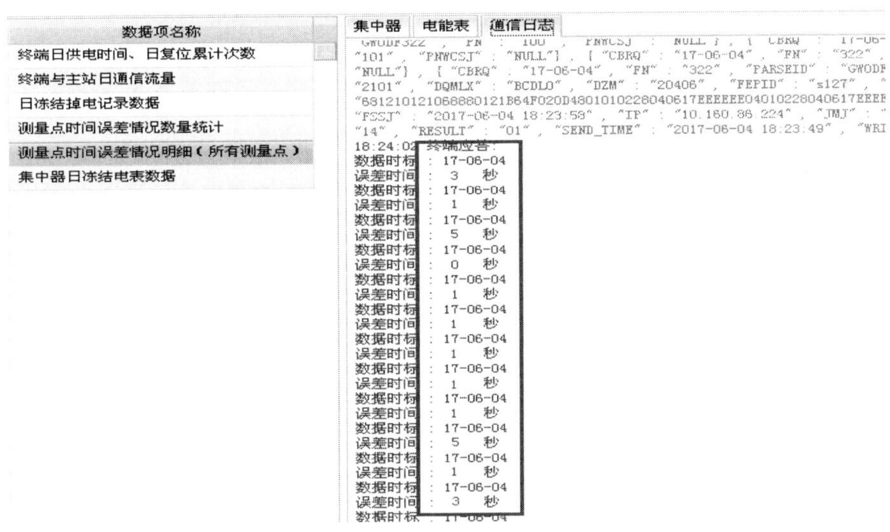

图 5-32 电能表测量点 F322 时间误差记录界面

4. 经验总结

通过主站对集中器终端和电能表设置对时参数，顺利实现集中器终端和电能表的精确对时功能，使得台区智能表时钟与主站误差均保持在允许误差范围内且对时效果良好。

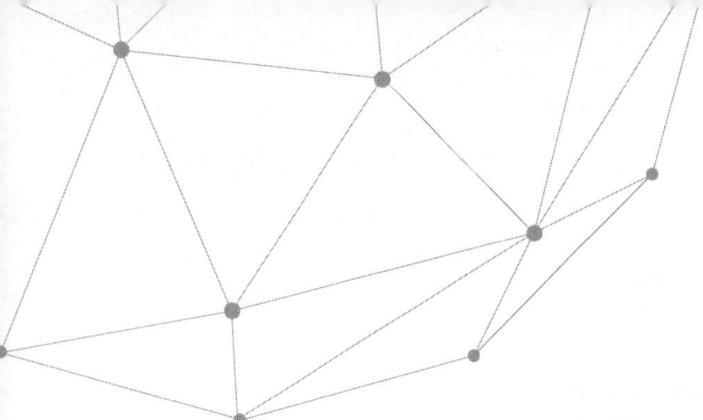

第6章 采集系统运行维护管理

随着国家智能电网的建设，各省用电信息采集系统的建设都已颇具规模，采集系统的建设进入了收尾阶段，并逐步走进了运营维护和深化应用阶段，在这个阶段，运维工作至关重要。运维工作是巩固采集系统前期建设成果以及后期深化应用的保证；同时运维工作也是一项涉及面广、事项繁杂、工作量极大的工作。

如何做好运维工作是电力公司、终端设备厂商等各方人员都需要深入考虑并需要解决的问题。因此，有必要通过电子化手段实现运维工作的流程化、工单化、自动化和信息化，实现运维工作流程的实时监控和闭环管理；通过管理运维工作中故障处理信息，形成故障处理经验知识库，为运维人员提供故障处理知识支持；利用GIS定位技术，采集管理设备的地理位置信息，绘制中低压电网结构图和台区拓扑图，为运维人员提供地图导航服务、设备图片查询服务，大幅提高运维人员的工作效率。

6.1 采集系统运维功能

1. 数据流程

采集运维闭环管理数据流程如图6-1所示。

图6-1　采集运维闭环管理数据流程图

2. 工单管理

工单管理流程如图 6-2 所示，说明如下：

（1）以工单为中心，对工单从提交到接收、处理、验收审核整个流程进行闭环管理，实时监控各工单的处理状态，掌握运维工作全局。

（2）工单提交后通过短信等方式及时的通知相关工单责任人，协调工单快速地进行响应处理，避免运维工作处理拖沓，责任互相推诿。

（3）工单处理完毕后由审核人员进行验收审核，确保每个工单都已处理完成，并可进一步评定工单的处理质量。

（4）根据工单的处理数量和质量，对运维人员进行有效的工作考核，工单统计如图 6-3 所示。

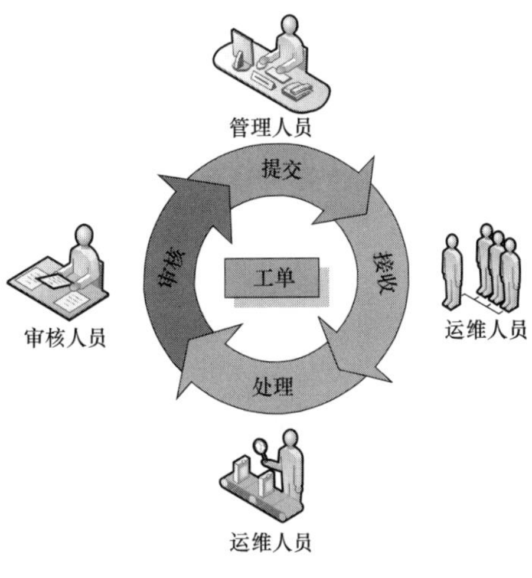

图 6-2　工单管理流程示意图

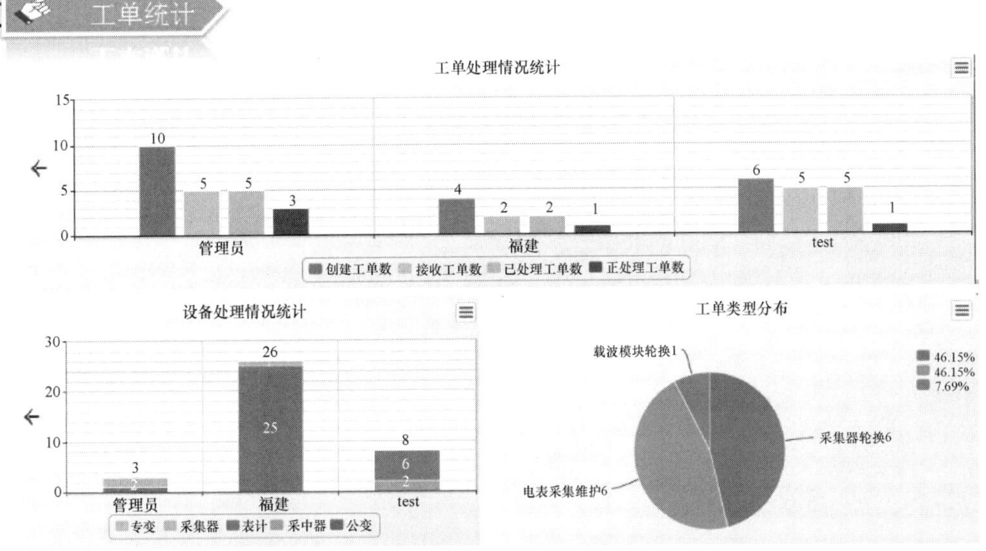

图 6-3　工单统计示意图

3. 地理位置服务

地理位置服务如图 6-4 所示，说明如下：

（1）掌机端采集终端、电能表等设备的经纬度和周围环境图片信息，通过 3G 网络和配置的 FTP 上传采集信息和图片信息，信息审核通过之后可以使用。

（2）掌机端通过录入用户名、用户号、资产号、出厂编号等任意信息可以查询用户基本信息，并进行位置导航，导航到目的地之后结合采集到的周围环境图片能够很快确定目的用户的位置。

（3）掌机端支持电能表示值补抄和现场换表流程的实现，采集的数据能够实时上传到

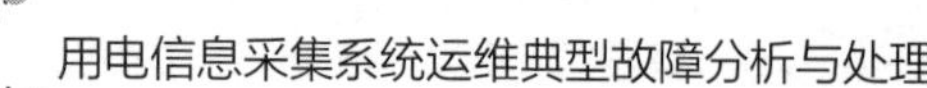

服务端，图片可以通过 FTP 服务接收到服务端。

（4）服务端进行了线路、台区、表箱、电能表层次结构管理，基本信息一目了然。

（5）服务端支持终端和表箱电能表 GPS 经纬的审核、地图位置及周围环境图片的查看。

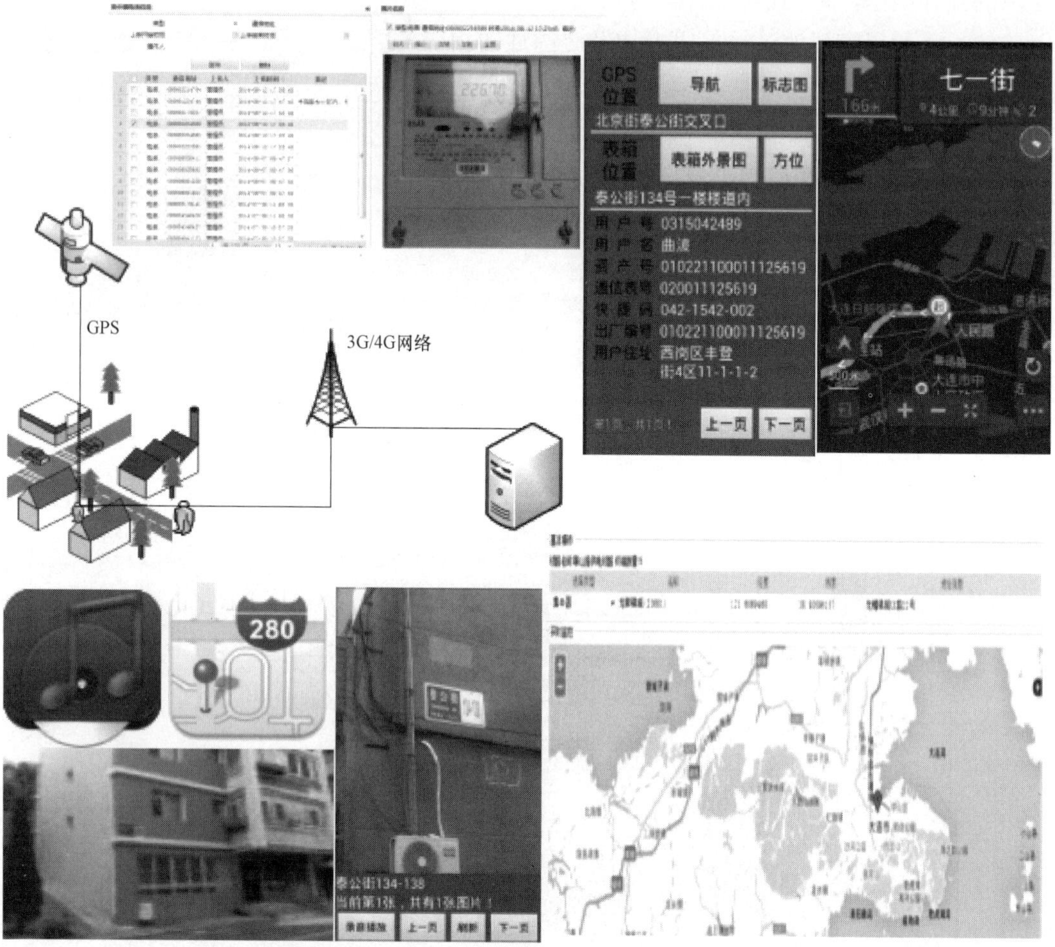

图 6-4　地理位置服务示意图

4. 故障登记审核与故障分析

（1）故障登记。故障登记分直接故障登记和工单故障登记，直接故障登记就是将出现故障的设备相关信息记录在系统上；工单故障登记是在处理工单的时候自动将故障设备信息存入故障库。故障登记示意图如图 6-5 所示。

（2）故障分析。按通信方式（485 半载波、全载波、光纤、微功率无线等）、故障原因、设备厂家、载波方案厂家、故障业务分类等方面对故障处理信息进行统计分析；统计分析是指在指定日期范围内的故障数量走势，以及与去年同期数据的比较分析。故障分析也可用于分析一次性故障、偶发性故障、频发性故障、家族性缺陷故障的判断等，故障分析示意图如图 6-6 所示。

	状态	故障原因	故障影响	故障类别	处理方法	处理人
1	待审核	隶属关系错误	同一个表箱，进线相同，但电表属于不	档案及流程问题	已通知局方计量处相关人员	王国栋
2	待审核	表计损坏	三相电表，电表报警灯常亮，发现A相	表计问题	通知抄表员更换电表	王国栋
3	待审核	表计损坏	现场抄读不成功，更换新模块同样抄读	表计问题	通知抄表员申请更换电表	王国栋
4	待审核	表计时钟错误	时间错误	表计问题	通知抄表员申请换表	王国栋
5	待审核	表计损坏	电表损坏	表计问题	已通知抄表员申请换表	王国栋
6	待审核	表计损坏	表计损坏	表计问题	通知抄表员申请换表	王国栋
7	待审核	隶属关系错误	台变关系错误	档案及流程问题	已通知局方计量处相关人员	王国栋
8	待审核	主站下发档案不全	今日抄读不稳定，严重下滑	档案及流程问题	重新清空参数，重新下发档案，已回升	王国栋
9	待审核	用户拆迁	用户拆迁，未申请销户	档案及流程问题	通知局方	王国栋
10	待审核	用户拆迁	用户拆迁，未申请销户	档案及流程问题	通知局方人员	王国栋
11	待审核	用户拆迁	用户拆迁，但未申请销户	档案及流程问题	通知局方	王国栋
12	待审核	用户拆迁	用户拆迁，未申请销户	档案及流程问题	通知局方	王国栋
13	待审核	用户拆迁	用户拆迁，未申请销户	档案及流程问题	通知局方	王国栋
14	待审核	隶属关系错误	台变关系错误	档案及流程问题	已上报局方计量处相关人员	王国栋

图 6-5　故障登记示意图

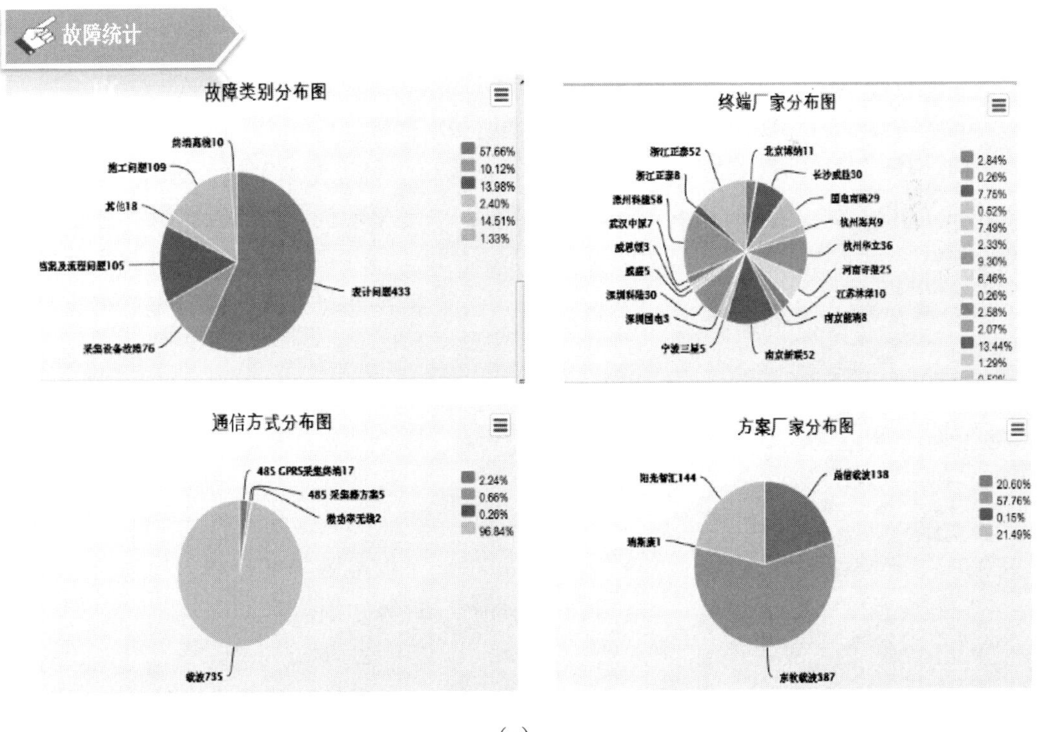

（a）

图 6-6　故障分析示意图（一）

（a）饼状图

故障分析

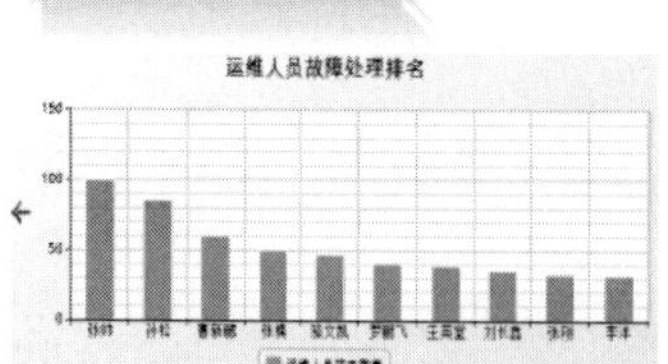

故障类型	故障原因	故障数量	占比
表计问题	模块损坏	277	36.88%
	表计通信地址与资产号不符	3	0.4%
	表计时钟错误	52	6.92%
	电表表码乱码	2	0.27%
	设备未供电	4	0.53%
	表计损坏	54	7.19%
	电表缺相	6	0.8%
	电表不支持相关数据项	35	4.66%
	终端死机	11	1.46%
	终端缺相	3	0.4%
	采集器故障	4	0.53%

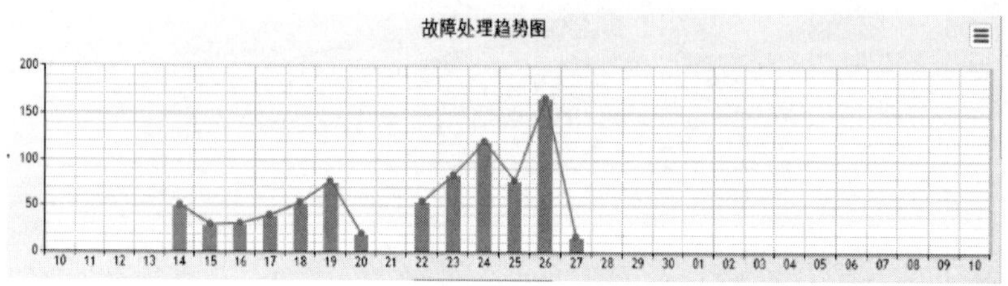

（b）

图 6-6　故障分析示意图（二）

（b）柱状图与折线图

6.2　采集系统管理模块

1. 知识库管理

知识库管理环节示意图如图 6-7 所示，说明如下：

（1）运维人员登记日常处理的故障信息，故障信息经过专家审核，进入知识库。

（2）日常安装、调试的相关工单，其处理信息经过整理提炼，形成知识，进入知识库。

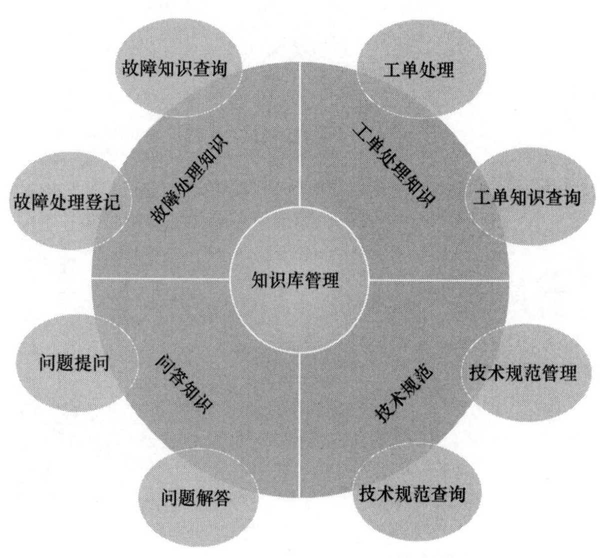

图 6-7　知识库管理环节示意图

（3）问答模块中有代表性的问题解答处理方式，经过整理确认进入知识库。

（4）运维安装调试相关标准流程、技术规范，由技术专家在知识库中统一管理。

（5）运维人员可通过电脑、掌机、平板电脑等客户端，检索获取故障处理等知识信息。

2. 现场管理

现场管理方式如图 6-8、图 6-9 所示，说明如下：

（1）PC 端录入派工单的基本故障信息和指派人员，运维工作人员在手

机端可以查看到派给自己的任务，如果故障设备的地理信息已定位，可以通过手机导航到故障设备现场，对故障进行处理，在手机端能够录入处理方法等信息并可以拍照作为处理依据。PC 端能够实时查看现场工单处理情况和上传的照片信息。

（2）配合公司的采集系统，能够对现场的电能表如状态字、电压、电流、电能示值等信息进行抄读，根据提供的故障模型，及时判断出表计故障，生成主动工单，指派给运维人员，尽可能保证运维人员能够在第一时间知道故障发生。

（3）维护运维人员领取的终端、采集器等计量设备信息，配合手机端 app，能够记录计量设备安装位置等信息；管理运维人员领取的铅封信息，配合手机端 app，可以记录更换前后的铅封号以及上传更换前后的铅封图片。

	图片	状态	采集点类型	设备类别	故障描述	指派人员	回单时间	故障原因
1		未处理	采集	专变终端	终端掉线	刘金平，滕跃		
2		未处理	采集	集中器	超时	刘金平，滕跃		
3		未处理	采集	集中器	台区抄表波动大，新规约	刘金平，滕跃		
4		未处理	采集	集中器	固定失败表计	汪明，李洋3		
5		未处理	采集	专变终端	不抄表	汪明，李洋3		
6		未处理	采集	集中器	终端掉线	刘金平，滕跃		
7		未处理	采集	专变终端	不抄表	汪明，李洋3		
8		未处理	采集	专变终端	不抄表	汪明，李洋3		
9		未处理	采集	专变终端	交采B相电流为零	汪明，李洋3		
10		未处理	采集	专变终端	终端掉线	王维超，魏明礼		
11		未处理	采集	集中器	台区抄表波动大	刘鹏，陈祥鸿		
12		未处理	采集	专变终端	终端掉线	刘鹏，陈祥鸿		
13		未处理	采集	集中器	台区抄表波动大	汪明，李洋3		

图 6-8　派工单创建

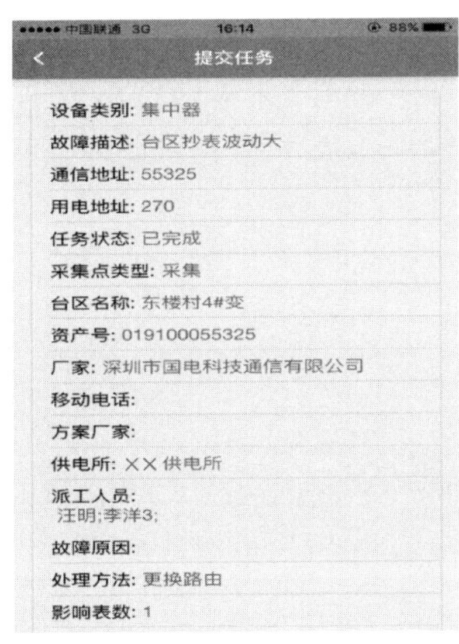

图 6-9　派工单手机端处理

附录A　中压载波通信与光纤通信、无线通信的综合比较

性能	中压载波通信	光纤通信	无线通信
设备成本	较低（无须布线，只需耦合设备和通信设备）	较高（布线和设备成本很高）	较低（无须布线，只需通信设备）
使用成本	无	较低	较高
安装维护	便捷	较难	便捷
可靠性	较高（受外界干扰小，无拥堵问题）	较高（受外界干扰小，无拥堵问题）	较低（易受外界干扰，易受拥堵影响）
传输距离	较远（不受路径和环境地形限制）	较远（受路径限制）	较远（受环境地形限制）
通信速率	速率适中（几十 kbit/s 以上）	速率很高（100Mbit/s 以上）	速率适中（几十 kbit/s 以上）

附录B　分体式 GPRS 通信模块、八木天线、平板天线对比

设备类别	适用环境	安装难度	信号增益强度	安装注意事项	优势
分体式 GPRS 通信模块	地下室彻底无移动信号区域	大	可通过网线延伸至有信号区域	需要布网线	可将地下室彻底无信号区域通过网线延伸至移动信号良好的区域
八木天线	适应于变台，山区、偏远农村信号弱地区，要求安装空间	中等	强	水平安装，有方向性	对于有信号但信号弱的变台及山区、农村信号增益较强
平板天线	适用于箱变或者楼道里信号弱，集中器无法稳定在线	简便	一般		安装简单，体积小，便于安装至箱变和楼道内